Erwin Thoma



# ... dich sah ich wachsen

Über das uralte und das neue Leben mit Holz, Wald und Mond

Bibliografische Information der Deutschen Nationalbibliothek
Die Deutsche Nationalbibliothek verzeichnet diese Publikation in der Deutschen Nationalbibliografie; detaillierte bibliografische Daten sind im Internet über http://dnb.d-nb.de abrufbar.

8. Auflage 2007

Graphische Gestaltung: Ernst Muthwill, Helmut Huber
Lektorat: Bernhard Emerschitz
Gesamtherstellung:
Universitätdruckerei Klampfer GmbH, A-8181 St. Ruprecht/Raab



ISBN 978-3-85033-136-4

Christian Brandstätter Verlag GmbH & Co KG
A-1080 Wien, Wickenburggasse 26
Telefon (+43-1) 512 15 43-0, Telefax (+43-1) 512 15 43-231
E-Mail: info@cbv.at, www.cbv.at



Bildnachweis:

Photos: Demel/Kalchschmied (Seiten III oben, VI oben rechts), Fotostudio Brigitte (Seite IV), Hans Snoep (Titelbild), Hotel Auer (Seite VII oben), Hotel Urthaler (Seite VII unten), Ronny Kreimel (Seite III unten), Erwin Thoma (Seiten I, II, V oben, VI unten und oben links, VIII).

Graphiken: Helmut Huber (Seiten 71,72), Erwin Thoma (Seiten 117–123). Alle anderen Zeichnungen: Ernst Muthwill

Verwendete Literatur:

Clausnitzer, Hans-Dieter
Historischer Holzschutz, Zur Geschichte der Holzschutzmaßnahmen von der Steinzeit bis in das 20. Jahrhundert, Ökobuch Verlag, Staufenbei Freiburg, 1990

Leiße, Bernhard
Holz natürlich behandeln, Oberflächen im Haus färben, schützen, pflegen, C.F. Müller Verlag, Heidelberg und Aembik Verlag, Braunschweig, 1994

Weissenfeld, Peter
Holzschutz ohne Gift?, Holzschutz und Oberflächenbehandlung in der Praxis, Ökobuch Verlag, Staufen bei Freibuch, 1988

# Inhaltsverzeichnis

## **Ode an das Holz** *Pablo Neruda*

*Ach, soviel ich auch kenne
und immer wieder kenne,
unter allen Dingen
ist meine beste Freundin
das Holz.
Ich trage durch die Welt
an meinem Leib mit mir, in meiner Kleidung
Geruch von Sägemühlen,
roter Bretter Duft.
Meine Brust, meine Stimme,
sie sogen sich in der Kindheit
mit Bäumen voll, die niederstürzten,
mit gewaltigen Wäldern
voll künftiger Bauten.
Ich lauschte, wenn sie einhieben
auf die gigantische
Lärche,
den Lorbeerbaum vierzig Meter hoch.
Axt und Gurt
des winzigen Holzfällers
fällten schnell
ihre stolze Säule,
es siegt der Mensch und hinstürzt
voller Wohlgeruch die Säule,
die Erd erzittert, ein dumpfer
Donner, dunkles Seufzen
der Wurzeln, und da
überflutet die Sinne mir
eine Woge
von Waldesdüften.
Das war in der Kindheit, geschah auf
den feuchten Erden, fern
in der Wildnis des Südens,
auf den grünen,*

*lieblich duftenden*
*Archipelen,*
*vor mir*
*wurden Balken geschaffen,*
*schlummernde,*
*wie Eisen schwer,*
*Bretter,*
*helltönend und schmal.*
*Stählern ihre Liebe singend,*
*knirschte die Säge,*
*es heulte die scharfe Schneide,*
*die metallische Klage*
*der Säge, die,*
*einer gebärenden Mutter gleich,*
*das Brot des Waldes schnitt*
*und ein Kind zur Welt brachte inmitten*
*des Lichts*
*und der Wildnis,*
*aufreißend das Innere*
*der Natur,*
*Schlösser*
*erschaffend von Holz,*
*Wohnungen für den Menschen,*
*Schulen und Särge,*
*Axtstiele und Tische.*
*Alles*
*dort im Walde*
*lag unter dem feuchten Laub*
*im Schlaf,*
*als ein Mann,*
*sich gürtend*
*und die Axt erhebend,*
*begann,*
*des Baumes reines*
*Gepränge zu schlagen,*
*und dieses*

*fällt,*
*Donner und Wohlgeruch stürzen,*
*damit aus ihnen das Bauwerk*
*erstehe, die Form,*
*das Gebäude*
*unter den Händen des Menschen.*
*Dich kenne ich, dich lieb ich,*
***dich sah ich wachsen,***
*Holz.*
*Darum,*
*so ich dich anrühre,*
*antwortest du*
*wie ein geliebter Leib,*
*du weisest mir*
*deine Augen und deine Fasern,*
*deine Knorren, deine Male,*
*deine Adern,*
*die reglosen Flüssen gleichen.*
*Ich weiß,*
*was sie*
*singen*
*mit Windes Stimme,*
*ich lausche*
*der stürmenden Nacht,*
*des Pferdes*
*Galopp in der Wildnis,*
*ich rühre dich an, und du,*
*wie eine spröde Rose,*
*die nur für mich zum Leben wiedererblüht,*
*öffnest dich,*
*den Duft*
*mir schenkend und das Feuer,*
*die gestorben schienen.*
*Unter dem stumpfen Anstrich*
*ahne ich deine Poren,*
*erstickt schon, rufst du mich,*

*und ich höre dich,*
*fühle*
*die Bäume*
*schwanken,*
*die meine Kindheit überschattet,*
*sehe*
*aus dir,*
*einem Flug von Ozean*
*und Tauben gleich,*
*die Schwingen der Bücher fliegen*
*das Papier*
*von morgen,*
*für den Menschen*
*das reine Papier für den reinen Menschen,*
*der morgen leben wird*
*und der heut geboren,*
*beim Tönen einer Säge,*
*beim Zerreißen*
*von Licht, Klang und Blut.*
*Das ist das Sägewerk*
*der Zeit,*
*umsinkt*
*die dunkle Wildnis, dunkel*
*ward geboren der Mensch,*
*es fallen die schwarzen Blätter,*
*und erdrückt das Dröhnen der Schlacht,*
*das Wort haben zur gleichen Zeit*
*Tod und Leben;*
*wie einer Geige entstiegen, erhebt sich*
*das Lied oder die Klage*
*der Säge im Wald,*
*und so ersteht*
*das Holz*
*und beginnt seinen Lauf durch die Welt,*
*bis es der stille Erbauer ist,*
*vom Eisen zersägt und durchbohrt,*

*leidend und schirmend*
*die Wohnstatt*
*errichtet,*
*wo täglich*
*einander begegnen werden der Mann, die Frau*
*und das Leben.*

Über den Titel dieses Buches

„. . . dich sah ich wachsen“ ist eine Zeile aus der wunderschönpoetischen „Ode an das Holz“ des chilenischen Dichters Pablo Neruda.

Der 1904 in Parral, Chile, geborene Neruda – bürgerlicher Name: Neftali Ricardo Reyes Basualto – gilt als einer der größten lateinamerikanischen Lyriker des 20. Jahrhunderts. Die „Ode an das Holz“ stammt aus dem 1954 veröffentlichten Zyklus „Odas elementales“. Sie ist eines der vielen Werke, die Neruda in seinen späteren Jahren in poetischer Rückschau den von ihm geliebten Dingen widmete.

Neruda wurde in viele Sprachen übersetzt, 1971 erhielt er den Literaturnobelpreis. Er starb 1973 in Santiago de Chile.

# Vorwort

Sind Bäume, die an bestimmten Tagen und zu bestimmten Mondphasen geerntet werden, nur etwas für Träumer? Oder finden wir in diesem uralten Wissen unserer Vorfahren über den richtigen Umgang mit dem wunderbaren Naturmaterial Holz auch Lösungen auf sehr reale, drängende Fragen?

Chemisch behandelte Hölzer können Allergien auslösen und müssen darüberhinaus später als Sondermüll entsorgt werden. Die natürliche Holzverarbeitung gibt aber nicht nur auf die Frage biologischen Bauens eine Antwort. Auch globale Probleme wie etwa das Waldsterben oder offene, auf fossile Brennstoffe ausgerichtete Energiekreisläufe erscheinen angesichts dieser wiederentdeckten Lebensweise mit Wald und Holz in einem anderen Licht.

Warum ist ein nach baubiologischen Grundsätzen, ohne Leim und Holzschutzmittel errichtetes Holzhaus auch für eine normal verdienende Familie erschwinglich? Wie sehen die schönsten und gewagtesten Wohnlösungen mit vollem Holz aus? Welche technischen Möglichkeiten bietet Holz als Baustoff?

Entdecken Sie in diesem Buch die uralten Geheimnisse unserer Wälder und Hölzer neu und erleben Sie dabei, auf welch vielfältige Weise die Natur durch unsere Bäume jedem Menschen täglich großartige Möglichkeiten offenhält. Gleichgültig, ob Sie sich für Möbel oder Spielzeug aus Holz interessieren oder ein ganzes Haus aus Holz bauen oder ob Sie einfach an den Geheimnissen unserer Wälder teilhaben möchten.

Das Buch ist in drei Teile gegliedert:

Im ersten Teil – „Mondholz" – lesen Sie von Geheimnissen, die dafür verantwortlich sind, daß manch hölzernes Bauwerk völlig unversehrt und ohne chemischen Holzschutz mehr als ein halbes Jahrtausend übersteht, und welche Rolle der Mond dabei spielt. Dieser Teil führt Sie vom Holzkamin, der 400 Jahre im Feuer war und doch nie brannte, über Stämme, die kein Holzwurm fressen wollte und Bretter, die nicht schwinden, bis zu den Spuren des größten Geigenbauers aller Zeiten.

Der zweite Teil des Buches – „Mensch und Baum" – führt Sie in unseren modernen, technischen Alltag und handelt von Chemie im Holz und biologischem Bauen & Wohnen. Sie lesen, wie wir unseren Energiebedarf aus unseren Wäldern decken könnten und welche Alternativen es zur Wegwerfgesellschaft gibt. Sie lernen natürliche Energiekreisläufe kennen und ergründen das Mysterium Baum.

Vor Ihnen liegt auch ein Buch für sorgende Mütter und vorausdenkende Väter, die ihren Kindern das Leid meiner eigenen Kinder, ausgelöst durch verleimte Spanplatten, ersparen wollen: Im dritten Teil des Buches – „Serviceteil" – finden Sie das Handwerkszeug, das Sie dazu brauchen: Kontaktadressen von Menschen und Betrieben, die im Kreislauf der natürlichen Holzverarbeitung werken und beim Thema chemische Holzschutzmittel den Kopf schütteln, nicht aber, wenn es um Holz vom richtigen Zeitpunkt geht. All jene, die gern selbst experimentieren, finden hier Daten und Fakten über Holzerntezeitpunkte bis hin zur Oberflächenbehandlung. Ein Fragebogen und eine Checkliste für den Einkauf von Holzprodukten runden diesen Teil des Buches ab.

Eine gute Reise zu den Wurzeln und Kronen unserer Bäume wünscht Ihnen Ihr

Erwin Thoma<br>
im Frühling 1995

# Einleitung

In der Einleitung lesen Sie,

... wie ein Blinder verschiedene Holzarten
zu unterscheiden lernte;

... warum ein hölzerner Kamin 400 Jahre im Feuer
war und doch nicht verbrannte;

... daß auch neunzigjährige Augen noch leuchten
können und wie die unendliche Freundschaft
zwischen Mensch und Baum begann.

## Mit allen Sinnen

Streichen Sie einmal bei geschlossenen Augen mit der Hand über die glatte Oberfläche einer Ahorntischplatte und führen Sie anschließend Ihre Fingerspitzen über das grobporige Holz einer Esche oder Eiche.

Schließen Sie Ihre Augen und klopfen Sie auf das harte Holz einer Buche. Probieren Sie dasselbe dann an der weichen Fichte. Viele Wege führen uns an die Geheimnisse der verschiedenen Hölzer heran – wir sind es aber gewohnt, uns in erster Linie auf unsere Augen zu verlassen.

Der blinde Mann wurde von seiner Frau in unser Haus geführt. Mit seinem Stock konnte er zwar Stufen, Wände und Ecken wahrnehmen, dennoch achtete auch die Frau darauf, daß ihn kein Hindernis überraschte. Nach der kurzen Begrüßung setzte er sich an unseren Tisch und seine Hände musterten sofort die abgegriffene und glatte Ahornplatte.

Einen Fußboden für ihr neues Haus suchten die beiden. Vor allem die Frage der Holzart war zu klären. Wie aber sucht ein Mensch ohne Augenlicht die Holzart aus?

Diese Frage stand unausgesprochen im Raum – auch unsere Kinder versammelten sich interessiert um den Tisch. Nur der Hund schlief auf seiner Decke unbeeindruckt den gewohnten Hundeschlaf.

Der blinde Mann hatte in seinem Leben alle anderen Sinne viel mehr geschärft als dies einem Sehenden möglich wäre. Er hatte gelernt, so gut es nur irgendwie ging das fehlende Augenlicht zu ersetzen. Mit Hölzern aber hatte er seinen feinen Tastsinn, seine Ohren und seinen Geruchssinn bis zu diesem Besuch wohl noch kaum beschäftigt.

Interessiert und beinahe ein wenig ungeduldig ließ er sich von seiner Frau und mir Holzart für Holzart erklären. Seine Finger, Handflächen und Nägel arbeiteten dabei emsig an den herbeigeschafften Mustern verschiedener Vollholzböden.

Eine seltsame Spannung lag im Raum. Wir alle spürten diese Erkundung einer neuen Welt. Sogar unsere drei Kinder saßen mucksmäuschenstill am Tisch und bewunderten die ungewohnt forschenden Bewegungen der Hände.

Erst spät in der Nacht hatte unser Besuch das Haus verlassen. Die beiden waren sich in ihrer Entscheidung sicher und hatten für Vorhaus, Wohnzimmer und Schlafraum verschiedene Hölzer ausgewählt. Die Böden wurden in unserer Werkstatt aus Fichten, Buchen und Eichen angefertigt.

Der geplante Einbau der Böden wurde durchgeführt, Gespräche und Besuche folgten, eine Freundschaft zu Karin und Andreas entstand.

Trotzdem verging nach Abschluß der Bodenlegearbeiten beinahe ein Jahr, bis an einem Abend die beiden wieder an unserer Haustüre standen. Diesmal ließ sich Andreas von seinen Händen rasch und sicher durch unser Vorhaus und die Küche führen. Mit einer Mischung aus schelmischer Vergnügtheit und Siegesmiene erklärte er mir bei jedem hölzernen Gegenstand, den er ertasten konnte, ohne Umschweife, um welche Holzart es sich hier handelte. Ein alter Tischlermeister hätte es nicht besser machen können. Es dauerte einige Minuten, bis ich mir einen Ruck gab und meinen vor Staunen offenen Mund zumachte.

An dieser Stelle will ich Dir danken, lieber Andi.

Durch Dich konnte ich wieder einmal sehen, auf welch vielfältige Weise Holz alle unsere Sinne berührt und uns Tag für Tag beeinflußt und begleitet, auch wenn wir uns das nicht immer bewußt machen.

Du hast mich in meiner Haltung bestärkt, Holzoberflächen unbehandelt zu belassen und selbst strapazierte Flächen höchstens zu ölen und zu wachsen. Denn Lacke und ähnliche, porenverschließende Beschichtungen sperren unsere Sinne vom wunderbaren Holz weg und verhindern eine tiefe und vielfältige Beziehung zu ihm.

Durch Dich lieber Andi, konnte ich dem Satz „werdet wie die Kinder..“ in meinem Leben eine zusätzliche Bedeutung geben. Ich freue mich über jede Berührung einer Holzoberfläche und lasse dieses Gefühl, von den Fingerspitzen und Handflächen beginnend, bewußt durch den ganzen Körper strömen. Entspannung und Kraft kann ich auf diese Weise aus den verschiedenen Hölzern und Bäumen schöpfen – als ob ich das Bild verschiedener Landschaften sehen und in mich aufnehmen könnte.

An dieser Stelle lade ich alle Leser ein, das Schauen und Staunen wie die Kinder ein klein wenig in ihr eigenes Leben einzubauen. Der Aufwand und die Mühe, die Sie dafür benötigen, ist gering und der Lohn reichlich.

Sorgen Sie bei so vielen Anschaffungen wie möglich für natürliche Materialien, mit denen Sie Ihr Leben gern verbringen möchten. Gehen Sie mit all diesen Gegenständen um wie ein Kind.

Be-riechen, be-tasten und be-greifen Sie diese Dinge immer wieder aufs Neue, unvoreingenommen und neugierig wie ein Kind. Kleidungsstücke, Möbel, Boden- und Wandbeläge sowie Gegenstände des täglichen Gebrauchs werden Ihnen auf diese Weise zu Quellen der Kraft, Inseln der Ruhe und zu Felsen des Haltes werden – Geschenke des Himmels und eine neue Qualität des Lebens, die wir nur erkennen und annehmen müssen.

## Warum ein Holzkamin 400 Jahre im Feuer überstand

Ein hölzerner Kamin hat es mir in meiner Kindheit ganz besonders angetan. Dieses seltsame Bauwerk befand sich im ca. 400jährigen Bauernhaus einer uns befreundeten Bergbauernfamilie.

Von der offenen Feuerstelle im Erdgeschoß des aus Holzbalken errichteten Hauses führte der schwarze Kaminschacht aus Lärchenholzbrettern durch das Obergeschoß mit den Schlafkammern bis über das schindelgedeckte Dach des Hauses hinaus, das wie ein Adlerhorst oberhalb eines Felsens auf einer steilen Bergwiese in meinem Heimatort Bruck am Großglockner stand.

Ich konnte nicht ahnen, daß die Geheimnisse und das Wissen, die hinter diesem Bauwerk standen, meinen Berufsweg und mein Leben prägen würden. Nein, es war ein ganz anderer Grund, der dafür sorgte, daß dieser Holzkamin in meinem Bubenkopf einen festen Platz einnehmen konnte: Als Sechsjähriger hätte ich ohne die Wachsamkeit eines Bauernknechts beim verbotenen Spiel mit Streichhölzern beinahe einen Heustadel in Schutt und Asche gelegt. Mein Bußgang, den diese Lausbubengeschichte nach sich gezogen hatte, führte mich vom Dorfpolizisten zur Mutter, von der Mutter zum Vater, vom Vater zur Lehrerin und von der Lehrerin zum Schuldirektor.

Auf jeder dieser Stationen „erlebte“ ich andere Maßnahmen, damit in diesem Bubenhirn nie mehr die Lust am gefährlichen Spiel mit Streichhölzern erwachen möge.

Der Erfolg des Bußganges hat sich eingestellt. Bis heute habe ich ihn nicht vergessen. Meinem Lausbubenstreich verdanke ich aber noch etwas: Der Information, daß der Holzkamin im Bauernhaus der befreundeten Familie deshalb nie abgebrannt ist oder nie Feuer gefangen hat, weil er aus besonderen Bäumen errichtet wurde, die zu einem besonderen Zeitpunkt geerntet worden waren, der mit dem Mond zusammenhängt, konnte ich in meiner Phantasie einen ungeheuer praktischen und faszinierenden Wert zuordnen.

Mit Begeisterung malte ich mir aus, daß ein Heustadel, der aus solchem Holz gebaut wird, ganze Scharen von mit Streichhölzern ausgerüsteten Buben unbeschadet überstehen würde. Der Gedanke an die Existenz eines Heustadels, in dem ich die verbotenen Streichholzexperimente ohne jegliche Gefahr wiederholen könnte, entschädigte mich vollständig für jene Schimpf und Schande, die meine kindliche Streichholzdummheit nach sich zog.

Jahre später war eher die Tochter im alten Bergbauernhaus das Ziel meiner Interessen und es hat noch einige Jahre gebraucht, bis ich wieder auf diesen alten Holzkamin gestoßen bin.

## Auch neunzigjährige Augen können noch leuchten

„Nachdem die Bäume geschlagen[1] waren, sind noch Monate bis zur weiteren Aufarbeitung vergangen. Viele unserer Baustellen waren damals ohne Zufahrtsweg – Bergbauernhöfe, Almen und Hütten im Krimmler Achental. Wir haben uns also an Ort und Stelle helfen müssen."

Vielleicht haben Sie es sich schon gedacht: Diese Erzählung stammt von unserem Opa, der in der Zeit zwischen den beiden Weltkriegen im salzburgischen Pinzgau, im Ursprungsgebiet der Salzach, sechs Tage in der Woche, vom Morgengrauen bis zum Finsterwerden, als Zimmermann arbeitete. Lesen Sie, was unser Opa noch berichtete:

„Ja, ja, es waren schon lange Tage. Aber über das Tempo der Arbeit hat damals niemand geredet. Es wurde nie getrieben. Mit unseren Handwerkzeugen haben wir immer gleichmäßig dahingewerkt. Wie wir

[1] geerntet

im Windbachtal[1] die Schutzhütte aufgestellt haben, sind wir im Lassing[2] aufgestiegen. Wir waren acht Mann und haben uns als erstes an Ort und Stelle die Rindenhütten gebaut. Dort haben wir dann übernachtet, bis unser Bauwerk fertig war.

Nachdem für unser Quartier gesorgt war, haben wir uns aus Rundhölzern Böcke[3] gebaut. Auf diesen Böcken sind dann die Baumstämme aufgearbeitet worden, die wir schon im letzten Spätherbst hergerichtet haben.

Einfache Rindenhütten waren die Unterkunft der Holzarbeiter im Wald.

---

1) unbewohntes Hochtal mit Almen in den Hohen Tauern

2) Frühjahr

3) Holzgerüste

Am Hang war der Bock so angerichtet, daß wir die schweren Stämme mit unseren Zappeln[1] draufkegeln und befestigen konnten. Dann ist mit der eingefärbten Schnur der Strich auf den Baumstamm geschlagen worden.

An einen Holzrahmen haben wir ein Sägeblatt gespannt. Und dieses Gatter haben drei Mann geführt. Ein Mann ist über dem aufgebockten Baumstamm gestanden und zwei Mann unter dem Bock. Diese drei haben dann mit dem einfachen Gatter Brett für Brett von den Stämmen heruntergeschnitten.

Diese Arbeit ist wochen- und monatelang so dahingegangen. Immer gleich stad[2] ist jeder Blochhaufen gar[3] geworden.

Bretterschneiden mit dem Handgatter.

---

[1] Handwerkzeuge

[2] regelmäßig

[3] fertig

Die Bretter für Schalungen und Böden sind dann einige Wochen zum Trocknen aufgespandelt[1] und am Schluß der Arbeit händisch gehobelt worden. Auch Nut und Feder haben wir mit der Hand draufgehobelt. Wir haben da natürlich nie geschaut, daß alle Bodenbretter gleich breit sein müssen. Die Breite ist immer vom Baum gekommen.

Die Kanthölzer haben wir meistens mit dem Zimmermannsbeil aus den runden Stämmen herausgehauen. Da war zwar mehr Abfall wie Du heute in Deinem Sägewerk beim Kantholzschneiden hast. Aber nach dem Holz hat in diesen abgeschiedenen Tälern kein Mensch gefragt und wir waren mit dem Hacken schneller wie beim Sägen mit der Hand."

Auf meine Frage, ob er sich nie verletzt hat, antwortet der Opa: „Nein, ich weiß es auch nicht warum, aber ich habe mich in meinem ganzen Leben nie verletzt. Obwohl es beim tagelangen Hacken mit dem Zimmermannsbeil immer wieder passiert ist, daß sich einer in den Fuß gehackt hat. Mit Pech, Schmalz, Arnika und einigen Kräutern haben wir das meistens wieder hingekriegt. Einigen Zimmerern ist aber schon ein schlechter oder steifer Fuß geblieben."

„Ja, ja", meinte der Opa weiter, „so ein Holzhaus aufstellen war das Werk von einem Jahr. Bei größeren Bauten haben wir auch länger gebraucht. Jeder Balken und jedes Brett ist unzählige Male angegriffen, ausgesucht, gemustert und sortiert worden ... Unsere Liebe, Freude und auch Stolz sind bei der Arbeit immer dabei gewesen." „Ja, Opa, wer hat Euch denn da verköstigt?" Die Äuglein vom Opa blinzeln lustig aus dem faltigen, neunzigjährigen Gesicht: „Ich war der Koch. Aber ich habe den ganzen Sommer das gleiche Muasl[2] in der

---

[1] aufgestapelt

[2] Einfaches, nahrhaftes Gericht der Holzknechte, aus Mehl, Schmalz und Wasser zubereitet.

gleichen Pfanne gekocht. Mir scheint, die anderen waren immer zufrieden, sonst hätten sie mich schon abgelöst."

Genau so leuchten seine Augen, wenn er uns von seinen Bauten erzählt oder uns solche hölzerne Lebenswerke zeigt. Eines haben alle gemeinsam: Von modernen Techniken, Holzschutzmitteln, Lacken, Leimen und schädlicher Chemie hatten der Opa und seine Zimmererkollegen keine Ahnung. Dennoch stehen solche Bauten aus dieser Zeit und aus den Jahrhunderten zuvor noch immer. Sie wirken wie Zeugnisse der Beständigkeit und Wegweiser zur Natur in einer hektischen und vielfach entwurzelten Zeit.

Meine Augen leuchten auch immer in jenen Momenten, in denen sich der Opa einen Holzbau aus unseren jungen Händen ansieht, seine sehnigen Hände über Blockwände, Balken und Böden streichen und dann ein anerkennender Blick aus seinen Augen kommt.

Die Worte: „Das habt Ihr einwandfrei gemacht! Mir ist nicht schiach[1)] um Euch", nach der Besichtigung eines Holzhauses aus unserer Werkstatt, sind wohl das größte Lob, das uns jemand machen kann. Und was noch viel wichtiger ist: Diese Worte sind die Bestätigung, daß der Brückenschlag zwischen Opas Handwerkstradition und einem modernen, natürlichen Holzbau gelingen kann.

Auch in einer Zeit moderner Kostenrechnung und gehobener Ansprüche an Fertigungstechniken ist es möglich, ohne Belastung von Gesundheit und Umwelt durch Chemikalien, ohne ausufernde Kosten, auf natürlichem Weg Bauten für Jahrhunderte zu errichten und dabei die Geheimnisse unserer Bäume zu erkunden.

---

1) bang

## Eine unendliche Freundschaft

Nach Beendigung meiner Forstausbildung und den ersten Jahren im praktischen Einsatz hatte ich meinen Berufsweg fest den heimischen Wäldern und Hölzern verschrieben. Der alte Holzkamin wurde jetzt für mich zum Symbol einer Freundschaft, die Jahrtausende überstanden hat, zum Symbol für eine unendliche Freundschaft. Die Freunde Mensch und Baum konnten sich in dieser langen Zeit bestens kennenlernen. Sie haben einander eine Unzahl von Geheimnissen anvertraut und gelernt, damit rücksichtsvoll umzugehen. Sie haben aber auch erfahren, daß sie gemeinsam alle Anforderungen meistern können – die Holzbaukunst vergangener Jahrhunderte legt ein lebendiges Zeugnis ab. Ein Zeugnis insofern, als uns Bauwerke erhalten sind, die unbeschadet vom jahrhundertelangen Gebrauch die Einflüsse von Wind und Wetter und sogar Feuer überstanden haben. Und das ohne giftige Holzschutzmittel oder Chemikalien.

Das alte Gerichtsgebäude in Sulz. Vor 700 Jahren gebaut – aus Holz.

Nicht nur beim Hausbau konnte sich der Mensch auf seinen Freund Baum verlassen. In beinahe allen Lebens- und Verwendungsbereichen finden wir die Spuren dieser alten Freundschaft: Holzbrücken, die die Ufer unserer Flüsse verbinden. Auf Pfeilern stehend haben sie ohne jede wasservergiftende Imprägnierung Jahrhunderte überdauert.

Einzigartige, chemisch unbehandelte Holzmöbel, durch die Farbe und Maserung des Holzes jedes ein Einzelstück. Werkzeuge, geschmeidig, zäh und leicht. Holzfässer, die gelagertem Wein oder Cognac die Vollendung ihrer Reife geben. Welche Geheimnisse waren erst den alten Meistern bekannt, die Musikinstrumente aus Holz hervorgebracht hatten, ohne die die schönste Musik, die unsere Ohren jemals gehört haben, undenkbar wäre?

Spuren der Freundschaft und der Geheimnisse zwischen Mensch und Baum finden wir in Form von erhaltenen Bauwerken und Gegenständen aus Holz seit es Aufzeichnungen über das menschliche Leben gibt.

Die ältesten historischen Quellen über Holzernte zu bestimmten Zeitpunkten stammen aus der Zeit um 4200 vor Christi. Das Holz für Pfahlbauten aus dieser Zeit soll vorwiegend im Winter geerntet worden sein.[1)] Von da an finden sich von den chinesischen Hochkulturen über die römische Antike und Holzschiffsbauten des Mittelalters kontinuierlich Quellen bis zum Beginn unseres Jahrhunderts. Von Cäsar bis Napoleon, vom römischen Geschichtsschreiber Plinius bis zu französischen, deutschen und österreichischen Forstordnungen ist die bevorzugte Jahreszeit für die Holzernte der Winter. Die günstigste Mondphase ist Neumond bzw.

---

[1)] Clausnitzer, Hans-Dieter: Historischer Holzschutz, Zur Geschichte der Holzschutzmaßnahmen von der Steinzeit bis in das 20. Jahrhundert, Ökobuch Verlag, Staufen bei Freiburg 1990 abnehmender Mond. Für falsch geerntetes Holz waren hohe Strafen bis zur Beschlagnahme der Bäume bestimmt.

Die genaue Betrachtung historischer Quellen über die Holzernte bringt aber noch einen anderen interessanten Hinweis ans Licht: Nicht nur der Holzerntezeitpunkt, sondern auch die Beachtung der richtigen Holzart für bestimmte Verwendungszwecke (Haus-, Schiffs-Brückenbau . . .) sowie des Wuchses der Bäume (Boden und Waldort) haben eine mehrere Jahrtausende alte Tradition.

Mit der zunehmenden Verbreitung chemischer Holzschutzmittel in unserem Jahrhundert verzichtete der Zauberlehrling Mensch aber auf die Tradition des natürlichen Holzschutzes. Altes Wissen wurde vergessen . . .

Lesen Sie im ersten Teil dieses Buches, welch seltsamen Umweg ich gehen mußte, um manche Weisheit, die mir der Großvater mit einfachen Worten sagte, richtig zu verstehen. Lassen Sie sich in späteren Kapiteln in die Geheimnisse einweihen, mit denen Sie auf einfache, gesunde und unbefangene Weise mit den Bäumen unserer Wälder die Natur in Ihr Leben einbeziehen können. Einerlei, ob Sie nun Holzspielzeug suchen, Möbel oder Fußböden kaufen oder anfertigen lassen, oder ob Sie ein Holzhaus oder Teile Ihres Hauses aus Holz bauen möchten.

## Erster Teil

# Mondholz

Der Mond bewegt die Gezeiten, er läßt so manchen Schlafsuchenden nicht zur Ruhe kommen, er beeinflußt das Wachstum von Pflanzen und – Bäumen.

In diesem Teil des Buches gehen wir den faszinierenden Zusammenhängen zwischen Mond und Holz nach und können anhand vieler Beispiele zeigen, daß und wie wichtig es ist, bei der Holzernte auf den richtigen Stand des Mondes zu achten.

Im Grunde genommen ist es uraltes Wissen, das früher jedem, der mit der Natur und mit dem Wald zu tun hatte, vertraut war. Doch heute droht dieses kostbare Wissen verloren zu gehen. Bewahren wir es also vor dem Vergessenwerden, indem wir es an unsere eigenen Kinder weitergeben.

## Erstes Kapitel

# Ruhiges Holz
# vom richtigen Zeitpunkt

In diesem Kapitel lesen Sie,

... wie der Mondstand während der Holzernte das spätere Verhalten des verbauten Holzes beeinflußt;

... woran man einen „falschen“ Balken erkennt;

... über gar seltsames Zirbenholz und Buchen, die nicht reißen;

... über Bäume, die kein Käfer fressen will;

... was es mit den Abbrandlerhöfen auf sich hat;

... über „zusammengewachsene“ Fußbodenbretter;

... über geheimnisvolle Holztröge hoch auf der Alm und über die „Stunde der Wahrheit“ im Holzbau.

## Der falsche Balken

Im Herbst 1988 war ich als Revierförster im Tiroler Karwendelgebirge tätig. Ein bekannter Münchner Baumeister, der gehört hatte, daß ich für Geigenbauer Bäume suchte und fand, besuchte mich. Er plante, für sich und seine Familie ein Haus zu bauen.

Grundsätze des gesunden Bauens sollten bei diesem Haus ebenso verwirklicht werden wie anspruchsvolle ästhetische Lösungen. Das hieß: Holzbalkendecken, im Vorhaus eine große Galerie aus massiven Balken, Vollholzdielenböden mit breiten Dielen, unbehandelte Lärchenholzterrassen im Freien, . . .

Nun wußte der Baumeister, daß für solche Zwecke üblicherweise „Leimbinder“, also schichtverleimte Kanthölzer, schichtverleimte Böden und für die Terrassen druckkesselimprägnierte Hölzer verwendet werden. Er wußte aber auch, daß dies ebenso mit unbehandeltem Massivholz möglich sein müßte, wenn man nur das richtige Holz findet . . .

Mit diesem Wissen und diesen Wünschen war er nun zu mir gekommen.

Holz, das sehr ruhig bleibt, kannte ich von den langsam gewachsenen, 200- bis 400jährigen „Geigenbäumen“, hoch oben in meinen Karwendeltälern. Der ausgewählte Holzerntezeitpunkt für das Holz des Baumeisters war Ende Dezember. Zu dieser Zeit würden aber in den extrem schneereichen Tälern meines Forstreviers ein bis zwei Meter Schnee liegen. „Unmöglich!“, war daher meine erste Antwort. „Zu dieser Zeit ist der Weg zum kleinen Ahornboden wegen Lawinengefahr zu unsicher.“

Der Baumeister ließ aber nicht locker. Und nachdem wir gemeinsam die von mir vorgeschlagenen Bäume mit Bäumen aus dem Lengrieser Längental im viel tiefer gelegenen Alpenvorland verglichen hatten, war er sich ganz sicher, daß nur die Bäume aus dem hoch gelegenen Johannistal im Karwendelgebirge für sein Haus in Frage kommen.

Er glaubte an das Unmögliche und seine Gedanken kreisten ständig um die Frage, wie und wer die besonderen Bäumen im hinteren Johannistal, hinter all den Lawinenhängen und Rinnen zum richtigen Zeitpunkt schlagen könnte. Seine Überzeugung und sein brennender Wunsch nach diesen Bäumen infizierten mich wie ein Bazillus. Die Aufgabe begeisterte mich mehr und mehr und ich suchte einen privaten Holzfäller für diese Aktion. Denn meine bei den Bundesforsten angestellten Arbeiter hätte ich unmöglich bei bauchtiefem Schnee auf den fünf Stunden langen Weg zu den ausgewählten Bäumen schicken können.

Wo ein Wille, da ist auch ein Weg: Ein mir bekannter Holzarbeiter aus dem Salzburger Land erklärte sich schließlich bereit, die Arbeit zu übernehmen. Im Herbst konnten die Bäume einzeln ausgesucht und der Auftrag übernommen werden.

Um vier Uhr morgens, am 30.12.1988, starteten wir zu fünft unsere Holzfällertour: Der Baumeister, der sich das Mitgehen nicht nehmen ließ, mit einem Bekannten, der Holzfäller, ich und mein Hund. Säge, Hacke, Keile und Werkzeug wurden gleichmäßig auf die vier Rucksäcke verteilt, die Felle auf die Tourenschi montiert und der knapp fünfstündige Aufstieg in das tief verschneite Johannistal begann. Zwischen dem kleinen Ahornboden und den Lalidererwänden standen die im Herbst ausgewählten Fichtenriesen. Und der heutige Tag wollte gut genutzt sein: Es war der richtige Zeitpunkt, der Mond stand gut.

Zwei Mann schaufelten die Bäume aus dem über einen Meter hohen Schnee aus, damit sie so weit unten wie möglich abgeschnitten werden konnten und kein kostbares Holz verschwendet würde. Ein Mann sägte und einer keilte. Dem Keilen kam besondere Bedeutung zu. Denn alle Bäume sollten möglichst mit dem

Wipfel bergab liegen. Um drei Uhr nachmittags waren wir durchschwitzt, aber glücklich. Mehr als dreißig kirchturmhohe Bäume waren gefällt. Am richtigen Tag, am richtigen Waldort, mit dem Wipfel bergab – genügend schöne Bäume für das geplante Haus. Als ob er die Wichtigkeit dieses Tages verstehen könnte, saß mein Hund auf einem Baumstock, überblickte die liegenden Baumriesen und wartete auf die Rückkehr ins Tal.

Nach kurzer Jause führten uns die Schi rasch zurück Richtung Forsthaus. Am Berg blieben die Baumriesen, samt Ästen und Wipfeln. Die Äste und Wipfel sollten noch wichtige Lebensfunktionen ausüben und Wasser aus den Stämmen „pumpen". Unser Plan war, daß die Bäume im Mai ins Tal gebracht und gesägt werden und vor dem Einbau noch einen Sommer lang trocknen sollten.

Aber es kam anders. Bereits Ende März schickte der Baumeister ein Schneeräumgerät, das die winterlichen Schnee- und Lawinenreste von der Forststraße räumen mußte – der Bautermin war vorverlegt worden. Das Holz sollte nach dem Wunsch des Bauherrn spätestens im Mai eingebaut sein.

Ein Frächter fuhr die Stämme mit seinem LKW ins Sägewerk. Bei der letzten Fuhre hätte der Fahrer einige große Stämme liegen lassen müssen, um nicht überladen zu sein. Das Gefühl solcher Fahrer, die das ganze Jahr Holz transportieren, für die geladene Menge ist unglaublich genau. Die wissen sehr gut, wann die Fuhre überladen ist und wann gerade noch nicht . . .

Bei dieser letzten Fuhre entschied sich der Fahrer aber, seinen LKW lieber zu überladen, als wegen einer halben Ladung den Weg ins Johannistal noch einmal zu fahren.

Wie groß war aber seine Überraschung, daß trotz einiger Stämme zuviel die Fuhre nicht schwerer war, als er es sonst gewöhnt war. „Förster, ich habe mein Lebtag noch nie so ein leichtes Holz gefahren, wie gibt's denn das?", war seine Frage an mich.

Mich freute diese Frage, denn ich wußte jetzt, daß wir die Äste nicht umsonst bis März an den Bäumen gelassen hatten. Ein Baum, der umgeschnitten wird, hat noch einmal das Bedürfnis, seine Art zu erhalten und Früchte und Samen zu bilden. Wenn wir ihm in dieser Situation seine Äste lassen, so ziehen diese noch unglaublich viel Wasser aus dem Stamm und machen ihn leichter. Durch die Lage bergab wird dieser Saftstrom zum Wipfel hin auch noch durch die Schwerkraft unterstützt. Diese Art der Wasserentnahme kann die Feuchtigkeit des Holzes von hundert Prozent auf ca. vierzig bis fünfzig Prozent reduzieren und ist die natürlichste Trocknung, die es in diesem Feuchtigkeitsbereich gibt. Unvergleichbar milder und ruhiger als jede Trockenkammer.

Doch zurück zu unserem Bau. Ich war entsetzt über die Absicht des Baumeisters, das Holz bereits im Mai ohne Zwischenlagerung und weitere Trocknung, gegen jede Erfahrung „grün" einzubauen. Aber was hilft's, wer zahlt – schafft an. Ende Juni war das ganze Holz im neuen Haus eingebaut und ich konnte bei der Firstfeier[1] die Kunst der Zimmerleute bewundern.

Sie können sich vorstellen, wie genau ich „mein" Holz betrachtete und in welches Staunen mich eine Entdeckung versetzte: Bei der Balkendecke im Wohnzimmer war ein Balken nicht aus meinen Bäumen. Ich war mir ganz sicher: viel schneller gewachsenes Holz, anders verwachsene Äste, mein „Holzauge" ließ mir keine Ruhe. Der herbeigerufene Bauherr konnte die Sache leicht aufklären. Der Zimmermann hatte einen „meiner" Balken verschnitten und nichtsahnend durch Holz aus seinem eigenen Bestand ersetzt.

---

[1] Richtfest

Soweit war das kein Unglück. Dieser eine Balken war nur für mich als Fachmann erkennbar, sonst aber genauso schön und einwandfrei verarbeitet wie alle anderen Balken im Hause, frisch und ohne Klüfte und Risse.

Dem Zimmermann bin ich bis heute dankbar – er wurde ungewollt zu meinem Lehrmeister. Denn ein Jahr später war dieser falsche Balken der einzige, der fingerbreite Risse bekam.

Sechs Jahre später war ich in dem Haus wieder zu Besuch. Immer noch war der vertauschte Balken der einzige im ganzen Haus, der zerrissen ist. Die Balken aus dem Johannistalholz vom richtigen Zeitpunkt haben sich hingegen nicht verändert, obwohl sie grün eingebaut wurden.

Ich hatte wohl gewußt, daß der richtige Zeitpunkt und die Auswahl richtig gewachsener Bäume entscheidende Dinge sind. Aber daß damit derart aufwendige, große Konstruktionen wie in der Galerie dieses Hauses praktisch rißfrei hergestellt werden können, oder daß der Unterschied zu „normalem" Holz mit ungünstiger Herkunft so groß ist wie am Beispiel des vertauschten Balkens, hätte ich nicht geglaubt.

Von dem Tag an wußte ich auch manche Schilderung des Großvaters anders einzuschätzen und laufend kamen neue Erkenntnisse und Erlebnisse dazu, die ich Ihnen nicht vorenthalten möchte.

Noch etwas habe ich ab diesem Erlebnis immer deutlicher begriffen: Entscheidend ist niemals die Holzmenge, die ein Sägewerk schneidet oder die ein Zimmerer verarbeitet, niemals die Größe des Bauvorhabens. Es ist gleichgültig, ob Sie ein ganzes Haus aus Holz bauen oder sich nur ein Bücherregal für Ihre Wohnung anschaffen. Entscheidend ist einzig und allein, wie es passiert. Wie wir unsere Bäume behandeln. Wenn wir uns für den Weg mit der Natur und einfache, natürliche Methoden entscheiden, dann ist fast nichts

mehr unmöglich – mit dem wunderbaren Werk- und Baustoff Holz.
Drei Dinge waren für die ruhige Balkendecke verantwortlich:

1) Die Auswahl richtig gewachsener Bäume.
2) Die Holzernte zum richtigen Zeitpunkt.
3) Die richtige Lagerung, Trocknung und Verarbeitung des Holzes.

## Das seltsame Zirbenholz

Jahre nach dem Erlebnis mit dem falschen Balken war ich mit der Leitung unseres eigenen Sägewerks beschäftigt. Gemeinsam mit meiner Frau und unseren Mitarbeitern hatte ich den Betrieb umgestellt. Wir verarbeiten hier seit Jahren nur ausgewählte, zum richtigen Zeitpunkt geerntete Bäume zu Holzhäusern, Bauholz, Verschalungen und Vollholzböden.

Durch diesen Holzernterhythmus ist bei uns im Herbst, bevor die Holzernte im Winter beim günstigen Mond wieder los geht, immer die ruhigste Zeit im Sägewerk. Zu dieser Zeit werden oft Wartungsarbeiten und Lohnschnittarbeiten für Bauern aus der Umgebung durchgeführt. Lohnschnitt heißt, daß der Bauer sein Rundholz nicht ans Sägewerk verkauft, sondern dort gegen Schnittlohn aufschneiden läßt und Bretter und Pfosten aus dem eigenen Holz wieder für seinen eigenen Bedarf mitnimmt.

So kam an einem schönen Herbstag ein Bauer zu uns und vereinbarte mit mir, daß wir für ihn in der nächsten Woche eine Partie Zirbenholz aufschneiden sollten.

Die Zirbe, auch Arve genannt, wächst in den Hohen Tauern bis in Höhen von über 2000 Metern. Ihr Holz ist nicht zuletzt wegen des guten Duftes bekannt, der von ätherischen Ölen stammt. Diese Öle sind auch dafür verantwortlich, daß das Zirbenholz gern für Möbel,

Geräte und Getreidetruhen verarbeitet wurde. Die Mehlwürmer können den Zirbenduft nicht ausstehen und so war das Getreide der Bergbauern auf natürliche Weise geschützt. Der Duft des Zirbenholzes verliert sich auch nach Jahren nicht und die Wirkung auf Mehlwürmer bleibt über Generationen erhalten.

Die Zirbe hat aber noch eine Eigenschaft, die bei der Verarbeitung beachtet sein will. Sie ist eine Kiefernart und ihr Holz soll, wie jedes Kiefernholz, in der kalten Jahreszeit verarbeitet werden. Bleiben die runden Stämme zu lange liegen, wenn im Frühjahr die Luft warm wird, so verfärbt sich das Holz, vom äußeren Rand ausgehend, fleckig blau. Diese Bläue stammt von einem Pilz, der die Holzstruktur und Festigkeit zwar nicht zerstört, aber die schöne Zirbe durch den Farbfehler entwertet.

Daß unser Bauer im Monat September mit Zirbenholz kam, war unüblich. Wenn es nicht sein muß, schneidet niemand im warmen Sommer Zirben um. Noch dazu eine so große Menge. Die Gefahr der Verblauung des Holzes ist in den schwülen Sommermonaten zu groß. Ich war also neugierig dabei, als eine Woche später die ersten Zirbenstämme durch die Gattersäge liefen.

Der wunderbare Zirbenduft verbreitete sich rasch im ganzen Sägewerk. Ich konnte mir aber keinen Reim auf das machen, was ich da sah: Die runden Zirbenstämme sahen gar nicht so aus, als ob die Bäume erst vor kurzer Zeit geerntet worden wären. Die Stirnflächen waren von der Sonne gebräunt, als ob das Holz den ganzen Sommer über gelegen wäre. Die Bretter aber und die Pfosten, die wir aus den Zirbenstämmen schnitten, waren blütenweiß und frisch. Keine Spur von einem blauen Fleck oder einem Borkenkäfer. Beides hätte mit Sicherheit vorhanden sein müssen, wenn das Holz den ganzen langen, heißen Sommer, der hinter uns lag, im Wald oder auf einem Lagerplatz verbracht hätte. So weiß konnten die Bretter doch nur sein, wenn die Bäume erst vor ganz kurzer Zeit geerntet worden wären.

Der Bauer, der kurze Zeit später mit seiner letzten Fuhre Zirbenholz zum Sägewerk kam, lüftete das Geheimnis. „Ja, ja", meinte er, „ich bin auch froh, daß die Bretter so schön weiß sind, ohne Pilz und Borkenkäfer. Wie es heuer im Sommer so heiß war, habe ich mir ganz schöne Sorgen gemacht, daß meine Zirben einen Schaden davontragen, wenn die umgeschnittenen Stämme fast ein Jahr im Wald liegen bleiben. Aber mit der vielen Arbeit beim Heuen hat halt niemand die Zeit gehabt, das Holz vom Berg herunterzufahren."

Ich dachte, er wollte mich zum Narren halten. Nein, nein, das sei kein Witz, antwortete der Bauer weiter, gerade ich müßte doch wissen, daß man das machen könne, wenn die Bäume zum richtigen Zeitpunkt geerntet werden. Jetzt ging mir ein Licht auf: Er hatte die Zirben schon im Dezember des letzten Jahres umgeschnitten. Bei abnehmendem Mond, am 21. Dezember.

Am selben Tag im Vorjahr hatten auch wir Bäume für unsere Fußböden geerntet. Nur hatten wir nicht ausprobiert, wie lange das Holz liegen bleiben könne. Unsere Stämme waren schon vor dem heißen Sommer zu Brettern aufgeschnitten und zur Lufttrocknung gestapelt worden.

Hinweise, daß der Mond und der Holzerntezeitpunkt auch auf die Dauerhaftigkeit und auf die natürliche Widerstandskraft des Holzes gegen Insekten und Pilze Einfluß nehmen, haben wir nicht nur von diesen Zirben bekommen. Auch Fichten und Lärchen, die keiner fressen wollte, sind uns untergekommen:

## Fichten und Lärchen, die keiner fressen will

Im Dezember 1992, um die Zeit des Neumondes bzw. Thomastag (21. Dezember), brach eine Partie

Forstarbeiter auf, um am Gerlospaß, dem Gebirgsübergang vom obersten Salzburger Salzachtal ins tirolerische Zillertal, eine Anzahl bestimmter, stattlicher Fichten und Lärchen zu fällen.

Die Holzarbeiter wußten, daß die Bäume von mir im Herbst gemeinsam mit dem zuständigen Förster ausgewählt worden waren. Sie wunderten sich darüber, daß es jetzt plötzlich immer häufiger von Bedeutung war, Bäume an bestimmten Tagen umzuschneiden, wo doch schon jahrzehntelang niemand mehr auf solche Dinge geschaut hat. Aber der Thoma ist ja selbst Förster, der wird schon wissen was er tut. Bezahlen muß er es ja auch . . .

Die Forstarbeiter waren damals wohl nicht die einzigen, die sich wunderten. Auch der Forstmeister quittierte mein Drängen auf die genaue Einhaltung des Holzerntetermines mit einem ungläubigen Blick. Diese Meinungen respektierte ich. Von meinem Weg ließ ich mich aber nicht abbringen. In diesen Dezembertagen war mir nur wichtig, daß die vorgegebenen Holzerntetage genau eingehalten wurden. Ich war deshalb an Ort und Stelle im verschneiten Gebirgswald. Die Ernte der etwa zweihundert Jahre alten Lärchen und Fichten wurde nach meinem Plan durchgeführt und so weit wäre die Begebenheit nichts Besonderes gewesen, wenn da nicht der Zufall weiter Regie geführt hätte.

Der Forstmeister war damals interessiert, die Arbeiterpartie auch noch nach „meinen" Holzerntetagen zu beschäftigen und außer meinen Bäumen auch noch andere Stämme am selben Waldort zu ernten. So kam es, daß die Arbeiter nach meinem Erntetermin weitere Fällungsarbeiten durchführten. Nachdem mein letzter Baum gefällt und der letzte Tag mit dem richtigen Mondstand verstrichen war, wurde das Holz streng getrennt und die später gefällten Bäume an ein anderes Sägewerk verkauft, in dem bestimmte Holzerntetage keine Rolle spielen und nicht verlangt werden.

Damit nichts durcheinander geraten konnte, fuhren wir unsere Bäume mit einem LKW auf eine ungefähr hundert Meter vom Waldrand entfernte Almwiese und lagerten sie dort.

80 Meter entfernt errichtete der Nachbarsäger auf derselben Almwiese sein Holzlager. Zwischen uns beiden Sägern bestand gutes Einvernehmen und Vertrauen. Keiner hatte Angst, daß etwas vertauscht werden könnte oder gar Holz vom eigenen Lager weggefahren würde. Kurze Zeit später hüllte der Bergwinter die beiden Rundholzstapel unter zwei Meter dicke Schneehauben ein und die Stämme ruhten unter dieser weißen Decke bis ins späte Frühjahr.

In diesem Jahr hatten wir mit dem Einschnitt der Laubhölzer, die alle an den guten Tagen im Dezember und Jänner geerntet worden waren, bis weit ins Frühjahr hinein zu tun. Obwohl ich wußte, daß das Rundholz auf der Paßhöhe nicht entrindet war, machte ich mir keine Sorgen.

Es stimmt schon: Baumstämme, die samt dem Rindenmantel im Frühjahr noch im Wald liegen, sind die ideale Brut- und Vermehrungsstätte für die gefürchteten Borkenkäfer. Aber meine Fichten und Lärchen waren ja zum richtigen Zeitpunkt geerntet worden.

Als aber schon der Mai ins Land zog, wurde ich trotzdem unruhig und schaute des öfteren bei meinem Holz vorbei. Aber jedesmal konnte ich beruhigt ins Tal zurückkehren. Nicht die geringste Spur von einbohrenden Borkenkäfern war zu finden. (Diese Käfer bohren sich in die Rinde bzw. ins Holz ein und ihren Befall kann man sofort an kleinen Bohrmehlhäufchen erkennen, die aus dem Einflugloch ausgeworfen werden).

Im Mai kam dann auch der besorgte Anruf des zuständigen Försters, der dafür verantwortlich war, daß kein käferbefallenes Holz im Wald liegt und gefährliche Käfervermehrungen auslösen könnte. Ich verstand die Sorge des Försters, wußte aber auch, daß wir im Sägewerk noch einige Wochen benötigten, bis das Holz vom Gerlospaß zum Einschnitt an die Reihe kommt. Wenn das Rundholz aufgeschnitten und somit auch entrindet ist, wird es von Borkenkäfern nicht mehr befallen und als Brutstätte benutzt. Diese Gefahr wäre mit dem Einschnitt am Sägewerk also gebannt.

„Lieber Franz"[1], versprach ich dem Förster, „wenn Du auch nur einen Käfer in meinem Holz findest, so rufe mich sofort an, ich verspreche Dir hoch und heilig, daß ich dann umplane und am nächsten Tag einen LKW schicke, um das Holz sofort wegzufahren und zu verarbeiten."

Diese Abmachung kam mir gar nicht so ungelegen. Auf das strenge Försterauge konnte ich mich verlassen und mir selbst auf diese Weise den einen oder anderen Kontrollweg zum Holzlager auf die Paßhöhe ersparen.

Was danach kam, verwunderte mich aber immer mehr. Der erwartete und befürchtete Anruf des Försters blieb aus. Ich wartete, aber das Telefon klingelte nicht. Es war schon Mitte Juni. Heiße Tage und warme Nächte kündigten auch im Gebirge den Hochsommer an. Daß auch der letzte und verschlafenste Borkenkäfer schon lange munter und fleißig war, darüber bestand kein Zweifel.

An einem dieser warmen Sommertage kam ich mit einem jungem Ehepaar zu dem Holz auf die Almwiese. Für das Haus der beiden sollte ein großer Teil der Stämme verarbeitet werden. Der Bauherr kam aus dem Baufach und wußte gut Bescheid. Beim Holzlager auf der Paßhöhe angekommen, drückte ich ihm eine Axt in die Hand und gemeinsam suchten wir die Rinde des gelagerten Holzes nach Käferbefall ab. Nichts – nichts und noch einmal nichts. Nun lagen aber auf derselben Wiese, ungefähr 80 Meter entfernt, auch noch einige Stämme des benachbarten Sägers. Dasselbe Holz, vom

---

[1] Name geändert

gleichen Waldort, auf der gleichen Almwiese gleich lang gelagert, im gleichen Monat geerntet – aber beim „falschen", umgekehrten Mondstand: Denn meine Holzernte wurde mit dem Neumondtag beendet, beim Nachbarn fing sie aber mit dem zunehmenden Mond erst an.

Dieses Holz des Nachbarn war massiv von Borkenkäfern befallen. Alle paar Zentimeter folgte ein Bohrloch dem anderen. Alle Stämme ohne Ausnahme waren betroffen.

Der einzige für mich erkennbare Unterschied zwischen den beiden Holzlagern war der verschiedene Mondstand bei der Holzernte im Dezember und die sorgfältige Auswahl meiner Stämme. Es war mir zwar nicht möglich, wissenschaftlich nachzuvollziehen, warum die Käfer das nur 80 Meter entfernte Holz des Nachbarn auf derselben Wiese befielen, meine Stämme aber nicht fressen wollten. Aus all den Jahren, in denen ich selbst als Förster ein Revier leitete, weiß ich aber, daß Borkenkäfer über ein ganz feines, unglaublich zielgenaues Orientierungs-, Geruchs- und Geschmackssystem verfügen. Unter Zigtausenden von Bäumen und Stämmen finden diese Insekten problemlos den Schwächsten heraus, der ihrem Befall am wenigsten Harzfluß und Abwehrkraft entgegenhalten kann. Aus diesen Beobachtungen schließe ich, daß es kein Zufall sein konnte, was ich auf der Almwiese beobachtete.

*„Wer sein Holz um Christmet fällt,*
*dem sein Haus wohl zehnfach hält.*
*Um Fabian und Sebastian*
*fängt der Saft zum fließen an."*

Diese alte Bauernregel war mir natürlich bekannt. Ich wußte auch, daß wintergeschlagenes Holz anders zusammengesetzte Inhaltsstoffe aufweist als sommergeschlagenes Holz. Die natürliche Resistenz von wintergeschlagenem Holz gegen Pilze und Insekten ist aus diesem Grund höher als die Resistenz von sommergeschlagenem Holz. Daß aber auch der Mondstand zum Zeitpunkt der Holzernte eine so große Rolle für den Borkenkäferbefall und möglicherweise für die gesamte natürliche Resistenz des Holzes spielte, war mir neu.

Beim Weg nach Hause versuchte ich, mir selbst die Frage zu beantworten, was wohl wichtiger ist: Einen wissenschaftlichen Beweis für diese Beobachtung zu suchen und zu finden oder sollte ich mich einfach über die Erkenntnis freuen, daß natürlicher Holzschutz ohne Verwendung von Gift und Chemie möglich ist und bereits im Wald bei der Auswahl der Bäume und beim Holzerntezeitpunkt anfängt.

## Buchen, die nicht reißen

Die Buche ist ein von den Förstern besonders gern gesehener Baum im Wald. Ihr Laub bildet in den Buchen-Fichten-Tannen-Mischwäldern einen hervorragenden Humus, ihre Wurzeln schließen den Boden tiefer auf als z. B. die flachen Fichtenwurzeln. Die mächtigen Buchen geben dem Mischwald Halt gegen Sturm und Naturgewalten. Diese fürsorgliche Hilfe für das ganze Waldgefüge brachte der Buche den Beinamen „Mutter des Waldes" ein.

Das Buchenholz ist wie ein Schwert mit zwei Schneiden. Es ist hell, rötlich und optisch sehr ruhig, extrem hart und strapazfähig. Ein Buchenboden und Buchenmöbel geben Kraft und helfen ihren Benutzern, das „Leben zu ordnen". Wenn da nicht eine Eigenschaft wäre: Massives, unbehandeltes Buchenholz bewegt sich wie kein anderes Holz. Es schüsselt, quillt und wirft sich wohl mehr als alle anderen heimischen Hölzer.

Manchmal habe ich den Eindruck, daß die kraftvolle, energiegeladene Buche ihrem Holz fast zuviel Kraft und Spannung mitgegeben hat. Diese Gedanken haben mich natürlich bewegt, als ich mich entschlossen habe, auch aus dem Holz unserer heimischen Buchen Vollholzböden und Möbelholz herzustellen. Es war wohl jener Reiz, der auch Bergsteiger dazu treibt, den höchsten Gipfel zu besteigen, der mich getrieben hat, das kraftvolle und harte, extrem robuste Buchenholz „in Angriff" zu nehmen.

Wir vertrauten auf unsere, damals schon bei den meisten anderen heimischen Holzarten erprobte - Methode: Ruhig gewachsene Buchen auf guten, humusreichen Waldböden wurden ausgewählt, die Holzernte geschah zum richtigen Zeitpunkt und die Lagerung und Trocknung erfolgte auf natürliche und langsame Weise. Aber trotzdem waren es in den folgenden Jahren Buchenvollholzböden, die uns die schwierigsten Aufgaben stellten und die die meisten Gespräche und Diskussionen auslösten.

Immer wieder passiert es, daß bei meinen Vorträgen, bei denen ich Lichtbilder eingebauter Buchenböden zeige, ein Tischler- oder ein Zimmermeister aufspringt und erklärt, er könne sich nicht vorstellen, wie massive Dielen aus unserer heimischen Rotbuche so ruhig liegen. Gewöhnlich lade ich diese Handwerker ein, sich solche Böden, die schon Jahre liegen, anzusehen. Bei diesen Besuchen haben sich schon viele Zweifler überzeugen lassen . . .

Zu „unseren" Buchen fällt mir immer eine Begebenheit ein, die sich bei der Buchenernte zugetragen hat: Eine der ersten Buchenpartien, die wir verarbeiteten, hatte ich in einem Herbst, im nördlichen Alpenvorland Österreichs ausgesucht. Ich erinnere mich noch gut an diese Bäume. Lauter imposante Riesen, Mütter des Waldes, mit Stammstärken bis zu einem Meter Durchmesser. Der Waldboden war bereits von den zahlreichen Nachkommen des Mischwaldes bedeckt, lauter junge Buchen, Eschen und Ahornbäume warteten bereits unter den Kronen im Schatten der Alten auf Platz und Licht für ihr Wachstum. Licht, das die alten Bäume freigeben müssen – durch ihr Niederbrechen nach Jahrhunderten oder eben durch die Holzernte. Der Waldboden, die Lage und die Bäume entsprachen meinen Vorstellungen und ich kaufte diese Buchen. Der Holzerntetermin wurde genau festgelegt und niedergeschrieben.

Nach einigen Monaten war es soweit. Die Weihnachtsfeiertage waren vorbei und der Mond stand günstig. „Meine“ Bäume wurden gefällt.

Der Förster war die meiste Zeit anwesend. Für ihn war das neu. Er hatte noch nie einen Kunden erlebt, der das Holz an bestimmten Tagen ernten möchte. Zwischen der Holzernte von Buchen und beispielsweise Fichten gibt es einen markanten Unterschied. Wenn die langen Stämme von Fichten auf die erwünschte Blochlänge abgeschnitten werden, hört man nur das Geräusch der Motorsägen. Anders bei den Buchen. Hier glaubt man öfter, daß ein Gewitter aufzieht. Es passiert nämlich laufend, daß verspannte Stammstücke beim Abschneiden mit lautem Knall bersten und große Risse, von der Stirnfläche ausgehend, stammeinwärts bekommen.

Bei einem frisch abgeschnittenen Polter[1] von Buchenstämmen kann man es noch krachen hören, wenn am Abend die Arbeiter den Wald schon lange verlassen haben. Vor allem aber, wenn die Sonne auf feuchtes Buchenrundholz scheint, reißen immer wieder Stämme, die bis jetzt ganz waren, mit lautem Donnern.

An den guten Holzerntetagen sehen mich meine Frau und meine Kinder wenig. Ich bin an diesen Tagen

---

[1] Lager

unterwegs, um zu sehen, wie es den ausgesuchten Bäumen geht, daß die richtige Zeit bei der Ernte eingehalten wird und um da und dort mitzuhelfen.

Bei der Ernte der riesigen Buchen im Alpenvorland fehlte ich natürlich auch nicht.

Unsere Buchen wurden von zwei älteren Holzfällern umgeschnitten, die beide schon viele Jahre in diesem Laubholzrevier arbeiteten und in dieser Zeit unzählige Bäume geerntet hatten. Der ältere der beiden empfing mich kopfschüttelnd mit folgenden Worten am Holzernteplatz: „Jetzt schneide ich hier schon seit dreißig Jahren Buchen um, aber so etwas habe ich noch nicht erlebt. Kein einziger Stamm ist bis jetzt gerissen, obwohl wir auch nicht anders arbeiten als sonst!“ Mit der breiten Hand wischte er sich Schweiß und Buchenholzspäne von der Stirn und schaute zu seinem jungen Kollegen hinüber. Der bekundete mit seinem zustimmenden Blick dieselbe Meinung.

Der Förster, der meinem Terminwunsch gemäß der „Mondphase“ bisher eher skeptisch gegenüberstand, war auch sehr erstaunt. So viele Buchenpartien hätte er schon verkauft, aber so etwas ... kein einziger Riß! Kein Knall war zu hören. Am Rundholzlager herrschte abends friedliche Ruhe.

Bis diese Buchen dann geerntet, gelagert, ins Sägewerk transportiert und eingeschnitten waren, hat es doch einige wenige Risse gegeben. Aber das war ein winziger Bruchteil dessen, was bei Buchen normal ist.

Im Sägewerk konnten wir uns freuen. Wir wußten, wenn wir dieses Holz jetzt noch richtig lagern, trocknen und verarbeiten, dann brauchen wir nichts mehr zu fürchten. Auf einfache Weise konnten wir die „angespannte“ Buche beruhigen und bekamen als Lohn wunderbar ruhiges Holz, das wir an unsere Kunden weitergeben können.

## Abbrandlerhöfe

So werden im Salzburger Land bestimmte Bauernhöfe genannt. Das Einbringen der Heuernte, vor allem des zweiten Schnittes, von unseren Bergbauern „Grummet“ genannt, bedeutet für den Bauern immer ein bestimmtes Risiko und vielfach einige Nächte mit schlechtem Schlaf.

Denn oft genug passiert es an den schwülheißen Hochsommertagen der Heuernte, daß der Bauer vor einem aufziehenden Gewitter sein Heu eilig und schwitzend auf die Tenne fährt. Wenn auch auf diese Weise die Gefahr des Naßwerdens des Heus gebannt ist, so passiert es manchmal, daß eine viel größere Gefahr für den ganzen Bauernhof droht: Durch die oftmals zu frühe Einbringung von noch nicht restlos ausgetrocknetem Heu.

Ein Stock von halbtrockenem Heu kann binnen weniger Stunden in seinem Innerem durch Gärungsvorgänge unglaublich hohe Temperaturen entwickeln. Die Selbstentzündung des Heustocks durch diese Hitze wird möglich. So mancher stolze, ehrwürdige Erbhof mit einigen Jahrhunderten auf seinem Buckel ist auf diesem Weg zu Schutt und Asche geworden.

Das schwere Leben und Überleben an den steilen Berghängen der Alpentäler hat die Menschen gerade in solchen Unglücksfällen immer besonders eng zusammenrücken lassen. Für die allermeisten der Salzburger Berghöfe bestehen jahrhundertealte verbriefte Rechte, sogenannte Servituten, die den Bauern im Brandfall berechtigen, das Bauholz für den Wiederaufbau unentgeltlich aus dem Staatswald zu holen.

Mit Nachbarschaftshilfe und vereinten Kräften ist man nach derartigen Katastrophen in den Wald gezogen, hat Bäume geschlagen und rasch begonnen, das neue Gebäude, den Abbrandlerhof, aufzurichten. Eile tat not, galt es doch, einer bäuerlichen Großfamilie samt Mägden, Knechten und dem Vieh ein neues Dach über dem Kopf zu schaffen, bevor der nächste rauhe Bergwinter von den Gipfeln und Gletschern der Dreitausender herabzieht.

Diese Vorgangsweise, einen Bauernhof unter großem Zeitdruck überstürzt zu errichten, war in den vergangenen Jahrhunderten aber nur der katastrophenbedingte Ausnahmefall. Denn die Errichtung eines Erbhofgebäudes wurde von unseren Vorfahren im Normalfall als Werk angesehen, das Jahrhunderte über das eigene Leben hinausreicht. Nicht nur die eigenen Kinder und Enkel sollten das Gebäude bewohnen können. Die Lebensdauer dieser Häuser war für viele Generationen ausgelegt.

So eine Arbeit wollte mit Umsicht begonnen werden. Der Rohstoff Holz wurde rechtzeitig, oft Jahre vor dem geplanten Bau, im Winter aus dem Wald herbeigeschafft. Mit aller Ruhe, mit der ganzen Fülle von Erfahrungs- und Gefühlsschätzen der naturverbundenen Bergbauern und mit der ganzen Kunst und Tradition der Zimmerer jener Zeit wurde so ein Werk im Normalfall ausgeführt. Dieser Haltung unserer Vorfahren verdanken wir die vielen jahrhundertealten Bauernhöfe, die uns als Zeichen und Zeugnis unserer eigenen Wurzeln erhalten geblieben sind.

Bei den Abbrandlerhöfen, den Höfen, die hastig nach einer Brandkatastrophe wieder aufgebaut werden mußten, war die langsame Vorgangsweise aber nicht möglich. Die Heuernte findet im Sommer statt. Die Brände durch die gefürchtete Selbstentzündung der frischen Heuernte passieren daher alle in der heißen Jahreszeit. Deshalb konnte bei den Abbrandlerhöfen in den allermeisten Fällen nur im Sommer geerntetes Holz verarbeitet werden. Nicht einmal die Zeit zur Lagerung und Lufttrocknung des Bauholzes war vorhanden. Dies wirkte sich auch auf die Lebensdauer des Hofes aus.

Denn bei den gut erhaltenen Bauernhöfen und Holzgebäuden, die ich kenne, ist kein einziger, nach einem Brand rasch wieder aufgebaute Abbrandlerhof dabei. Soweit sich das nachvollziehen läßt, handelt es sich bei den gut erhaltenen Bauten durchwegs um solche, die auf traditionellem, langsamem Weg entstanden sind. Um Bauwerke, für die das Holz zu bestimmten Zeiten geerntet wurde. Das Mindeste war die Holzernte im Winter. Immer wieder finden sich aber auch Angaben und Überlieferungen über die Holzernte an bestimmten Wintertagen oder zu bestimmten Mondphasen.

Warum finden wir unter den gut erhaltenen Holzgebäuden keine Abbrandlerhöfe? Die Fichten und Lärchen, die keiner fressen wollte, und das gemeinsame Zeichen aller Abbrandlerhöfe, die Verwendung von frischem, im Sommer geerntetem Bauholz mögen uns eine Lehre für unsere eigenen Wohnhäuser aus Holz sein.

## Die zusammengewachsenen Fußbodenbretter

Was auf den ersten Blick wie Zauberei oder wie ein Märchen aussieht, ist oft der Beginn einer langen und aufschlußreichen Naurbeobachtung

Hier fällt mir die beinahe unglaubliche Geschichte eines heute etwa 60jährigen Tiroler Zimmermeisters ein. Er erzählte mir folgende Begebenheit::

*„Kurz, nachdem ich die Meisterprüfung abgelegt hatte, begann mein selbständiger Berufsweg im elterlichen Betrieb. Als junger Zimmermeister war ich begeistert von den vielen technischen Neuerungen, die auf uns zukamen und wir haben dem Wissen unseres Vaters von der Holzernte an bestimmten Tagen nur wenig Bedeutung beigemessen. Die Entwicklung des Zimmereibetriebes stand im Zeichen des rasanten technischen Fortschrittes.*

*Kurz nach meiner Meisterprüfung, so um die Weihnachtszeit, kam ein Bauer aus der Umgebung in unsere Zimmerei. „Du Zimmerer, mach mir für mein Vorhaus einen Fußboden. Ich möchte den aber bald verlegt haben. Das Holz für den Boden habe ich selbst aus meinem Wald!", und er wies auf sein Fuhrwerk, das beladen mit frisch geernteten Fichtenstämmen vor dem Haus stand.*

*Ich war sehr erstaunt und erklärte dem Bauern, daß das unmöglich geht. Fußbodenholz muß trocken verlegt werden. Am besten sollen Fußbodenbretter vor der Verlegung ein oder mehrere Jahre lufttrocknen.*

*Feuchte Bretter würden erst als verlegter Boden austrocknen und dabei durch den Trocknungsschwund riesige Klüfte bekommen. So eine Arbeit, die am Schluß schlecht ausschaut, wollte ich nicht machen. Der Bauer aber lachte und meinte: „Das stimmt schon, aber bei den Bäumen, die ich mitgebracht habe, ist das anders. Diese Bäume sind genau im richtigen Zeichen geschlagen. Zimmerer, Du kannst die Arbeit ruhig annehmen – ich bezahle Dich schon!"*

*Ich war jetzt neugierig geworden und nahm die Arbeit an. Die runden Stämme wurden sofort aufgesägt und ohne Lagerung oder Trocknung gehobelt. Ich erinnere mich noch, wie wir uns geplagt haben, weil das grüne, feuchte Holz kaum zu hobeln war. Es war eine Heidenarbeit, diese Bretter durch die Hobelmaschine zu bekommen. Nach dem Hobeln haben wir nicht gewartet und die Bodenbretter, wie es der Bauer wollte, noch „fast gefroren" verlegt.*

*Jetzt sind schon mehr als dreißig Jahre vergangen und ich war beinahe jedes Jahr bei diesem Bauern auf Besuch. Der Boden liegt immer noch so, wie wir ihn verlegt haben. Zwischen den Brettern haben sich keine Fugen gebildet. Nicht einmal eine Rasierklinge könnte man zwischen diese Bretter schieben. Man hat wirklich den Eindruck, daß diese Bretter zusammengewachsen sind."*

Soweit die Geschichte des Tiroler Zimmermeisters.

Mehrere Erzählungen und Berichte sind mir bekannt, wonach im Winter an bestimmten Tagen grünes, noch gefrorenes Holz aus dem Wald geholt und in diesem Zustand als Tennboden verlegt wurde. Auf diesen Tennböden wurde dann das Getreide gedroschen. Hier war es notwendig, daß die Bretter fugenfrei liegen, weil das Korn sonst durch die Ritzen weggerieselt wäre.

Wer aber jetzt, ermuntert durch diese Erzählung, versucht, sich einen „grünen" Fußboden in die Wohnung zu legen, wird trotz Beachtung des richtigen Holzerntezeitpunktes enttäuscht werden. Immer wieder haben wir versucht, dem Geheimnis solcher fugenfreier, „grün verlegter" Böden nachzugehen. Aufgefallen ist uns, daß sich der Erfolg in allen uns bekannten Fällen nur dort eingestellt hat, wo es sich um keine zentralbeheizten Räume handelte. Für Böden in beheizten Wohnungen ist das oben beschriebene Phänomen ohne zusätzliche gute Lagerung und Trocknung des Holzes nicht ausreichend. Hier muß dem Holz nach der Ernte zum richtigen Zeitpunkt und nach Ausschöpfung aller natürlicher Trocknungsmethoden die letzte Restfeuchte mit einer möglichst langsamen und milden Kammertrocknung entzogen werden (siehe Kapitel: „Wo die Trockenkammer dennoch sinnvoll ist").

## Der Wasserlauf im Zeichen des Mondes

Eine zweite Erzählung des erwähnten Tiroler Zimmermeisters paßt gut zu den Einflüssen des Mondes auf die Natur.

Der Zimmermeister berichtete mir:

*„Im Tiroler Unterland hatte ein Bauer im Herbst seinem Sohn aufgetragen, auf die Alm zu gehen und wie es dort üblich ist, für das Vieh, das im nächsten Almsommer kommen würde, fünf kleine hölzerne Wassertröge einzugraben. Diese*

*Tröge werden so an einer Quelle oder an einem kleinen Wasserlauf eingegraben, daß das Wasser ohne eigene Zuleitungsrinne von allein über den Rand des Troges fließt und so die Tränke füllt.*

*Der Sohn wollte die Arbeit auf den nächsten Tag verschieben, weil im Nachbarort gerade heute ein Tanz angesagt war. Der Alte gab aber nicht nach. „Heute müssen die Tröge hinein und damit Schluß!" Der Sohn machte sich also auf den Weg zur Alm. Nachdem der dritte Trog eingegraben war, machte er sich aber aus dem Staub und ging tanzen. Die beiden verbliebenen Tröge grub er erst einige Tage später ein. Er war sich sicher, daß der Vater im Herbst nicht mehr auf die Alm kommen würde.*

*Der Vater ist wirklich erst im nächsten Frühjahr nach der Schneeschmelze wieder auf die Alm gekommen. Das große Erstaunen kam aber jetzt beim Sohn, weil sein Vater ihn nach kurzer Zeit wissend fragte, warum er zwei Tröge später eingegraben hatte. „Woher weißt Du das, Du bist doch den ganzen Herbst nicht mehr heraufgekommen?", wollte der Sohn wissen. „Schau Dir doch die Tröge an", erklärte der Vater, „in die drei Tröge, die am richtigen Tag gesetzt wurden, rinnt das Wasser immer noch schön hinein. In die beiden anderen aber rinnt kein Tropfen mehr. Das Wasser hat diese Tröge hinterspült und rinnt jetzt an der Tränke vorbei!"*

Der richtig gesetzte . . .

. . . und der hinterspülte Trog.

Als mir der Zimmermeister von dieser Begebenheit erzählte, war mir sofort der Hintergrund klar. Hatte ich doch als Revierförster in meinen Gebirgsrevier im Karwendel ein weites Netz von geschotterten Forstwegen zu betreuen, an denen die größten Schäden immer durch schwere Gewitter in den Bergsommern entstanden. Dabei fiel mir auf, daß es ganz entscheidend ist, ob ein Gewitter bei zunehmendem oder bei abnehmendem Mond niederging. Bei zunehmendem Mond hatte ich um meine Wege immer weniger Sorge.

Ich konnte folgendes beobachten: Gewitter bei zunehmendem Mond hinterlassen selten tiefe Furchen, meist waren nur da und dort einige Schotterablagerungen zu entfernen.

Schießt das Regenwasser eines Gewitters aber bei abnehmendem Mond über die Forstwege, so scheint es plötzlich zusätzliche, unsichtbare Kräfte freizusetzen. Das Wasser zieht tiefe Gräben in die Wege und nach einem Gewitter bei abnehmendem Mond waren immer viel mehr Instandsetzungsarbeiten erforderlich.

Diese Kräfte können Sie auch in einem anderen Zusammenhang leicht selbst ausprobieren: Zaunpfähle aus Holz sollen niemals bei zunehmendem Mond gesetzt werden. Schon beim nächsten Frost beginnen solche Pfähle zu wackeln und sie faulen schneller.

Zaunpfähle, die hingegen bei abnehmendem Mond oder Neumond gesetzt werden, scheinen in die Erde hineingezogen zu werden. Sie halten besser und sind dauerhafter. Ideal sind die Erdtage im abnehmenden Mond (z.B. Jungfrautage).

Diese Kraft des Mondes zur Erde hin nützen auch alte Bodenleger. Ein Holzfußboden, der bei abnehmendem Mond verlegt wird, knarrt weniger und bleibt ruhiger liegen. In einem Salzburger Zimmereibetrieb fand ich den seltenen Fall, daß vier Generationen der Zimmererfamilie miteinander arbeiten. Gerade in diesem Betrieb ist das Fußbodenlegen bei abnehmendem Mond eine Selbstverständlichkeit. „Das hat schon mein Urgroßvater so gemacht, und wir verzichten natürlich auch nicht auf diesen Vorteil!" Mit diesen Worten bestätigte der junge Zimmermeister das Fortbestehen einer alten Tradition in seinem Holzbaubetrieb.

## Holz und Glas – die Stunde der Wahrheit

Die Vormittagssonne wärmt gerade die Holzblockwand der Almhütte in den Hohen Tauern, neben der ich es mir mit Bleistift und Papier bequem gemacht habe. Sonne, Wind und Wetter haben die Färbung der handgezimmerten Holzwände besser an die umgebende Almlandschaft angepaßt, als es der beste Maler jemals könnte. Die feinen Risse im Holz stören niemanden, und wenn das Holzschindeldach dieser Hütte in Ordnung gehalten wird, steht sie in einigen Jahrhunderten wohl noch genau so da wie an diesem Julimorgen.

Auch bei einer Balkendecke im Wohnhaus sind kleine Risse oder Verdrehungen der Balken eher eine Frage des Geschmacks und der Optik. Die Statik des Baus wird dadurch kaum berührt. Bei Bauten allerdings, bei denen große Glasscheiben auf Holzkonstruktionen ruhen, wird die Frage nach möglichst ruhigem, bewegungslosem Holz „lebenswichtig". Das spröde Glas duldet keine Bewegung der Holzträger und für das Holz schlägt die Stunde der Wahrheit: Jede Bewegung – und sei sie noch so gering – würde durch die zerbrochene Scheibe schonungslos aufgedeckt.

Der Bau von Wintergärten, bei denen die Trägerkonstruktion aus unbehandeltem Massivholz besteht, ist in unserem Betrieb schon zur Routine geworden. Trotzdem ist es immer wieder eine neue Herausforderung, mit Glas und ruhigem Holz die Sonne in ein Haus zu bringen.

Wohl eine der spannendsten und schwierigsten Aufgaben stellte uns eine junge Familie im Jahr 1992. Beim Neubau dieses Hauses war ein Wintergarten von Anfang an eingeplant. Aber nicht so, wie wir es bisher gewohnt waren. Denn der Architekt hatte die Glasfronten nach dem größten lieferbaren Maß der Scheiben geplant. Das waren fünf Meter(!) hohe, doppelte Isolierglasscheiben in einem Stück. Der Schwierigkeit dieses Vorhabens war sich der Architekt bewußt. Jede kleinste Bewegung der Holzträger würde Spannungen und Bruch der großen Scheiben bedeuten. Deshalb wollte sich der Architekt durch die Verwendung von spannungsarmen Leimbinderholz absichern. Er lehnte den Einsatz von Massivholzträgern zunächst ab.

Die Bauherrnfamilie wußte aber über die Bedenklichkeit mancher Leime in Leimbinderholz Bescheid und wollte das im Lebenswerk ihres Hauses vermeiden. Also mußten unverleimte Massivholzträger, aus einem Stamm gesägt, her.

Wir erhielten den Auftrag für diese Konstruktion und gingen nach der bewährten Methode ans Werk. Ich suchte ruhig gewachsene Fichten auf einem guten Waldboden in ca. 1400 Meter Seehöhe aus. Die Holzernte erfolgte zum richtigen Zeitpunkt, also im Winter zur richtigen Mondphase[1)]. Auch die Lagerung und Trocknung des Holzes geschahen in unserer gewohnten Arbeitsweise. Ein knappes Jahr später war das Werk vollendet, die großen Scheiben auf unserem Holz montiert und die Familie des Bauherrn über den schönen Wintergarten glücklich.

Inzwischen sind zwölf Jahre vergangen. Zwölf Sommer mit Hitze hinter den Glasscheiben und zwölf Gebirgswinter mit Frost und Schnee an der Außenseite des Wintergartens. Die fünf Meter hohen Glasscheiben ruhen spannungsfrei und problemlos wie am ersten Tag auf den Massivholzträgern (s. Bildteil, Seite VIII). Jeder Fachmann weiß, daß gefährliche Bewegungen des Holzes bei so einer Konstruktion gleich im ersten Jahr, später aber kaum mehr passieren. Unsere Massivholzträger vom richtigen Zeitpunkt hatten sich also in der Stunde der Wahrheit bestens bewährt.

Bei Vorträgen in den Jahren danach fragte ich mehrfach Tischler- und Zimmermeister, ohne vorher von diesem Bau zu berichten, ob sie eine fünf Meter hohe Glasfassade auf unverleimtem Massivholz montieren könnten. Immer bekam ich unsichere, ablehnende Antworten.

Warum haben sogar Handwerksmeister soviel von ihrem Vertrauen zum Werkstoff Holz verloren? Wir brauchen nur sorgfältig und Schritt für Schritt vorzugehen, dann gibt es im Wohnbau keinen einzigen Einsatzbereich, der die Verwendung von schädlicher

---

1) Holzerntezeiten – siehe Serviceteil, Seite 184.

Chemie und unnatürlichen Baustoffen rechtfertigt. Darüber sollte jeder Bauherr nachdenken.

Durch diesen Erfolg war der Bauherr so bestärkt, daß er in seinem Haus eine weitere Konstruktion anfertigte, die mir beim ersten Anblick die Nackenhaare aufstellte. Die oberste Geschoßdecke wurde so ausgeführt, daß die durchgehenden langen Dachsparren an der Decke sichtbar blieben. Die Trennwände zwischen den einzelnen Räumen wurden zu diesen Dachsparren hochgezogen. Zwischen dem Vorhaus im Obergeschoß und einem danebenliegenden Badezimmer wollte der Bauherr aber keine durchgehende Trennwand, sondern im obersten Bereich der Wand eine lichtdurchlässige Glasscheibe. Tageslicht und künstliche Beleuchtung sollten durch diese Oberlichte vom Vorhaus ins Bad und umgekehrt dringen können.

Daß die an der Decke sichtbaren, langen Dachsparren aus unserem Holz im Vorhaus und im Badezimmer verliefen, störte den ideenreichen Bauherrn nicht. Er ging zum Glaserer und ließ in der Oberlichtenglasscheibe für jeden dieser Balken eine rechteckige Öffnung, genau nach dem Maß der Holzbalken, ausschneiden. Ein Dachsparren, der sich drehen möchte, läßt sich von einer dünnen Glasscheibe jedoch auf keinen Fall aufhalten. Auch diese Scheibe würde bei der geringsten Bewegung der Holzsparren zerbersten. Beim Anblick dieser Konstruktion konnte ich also nur das Vertrauen des Bauherrn in mein Holz bewundern und die Glasscheibe als seltsames Meßinstrument möglicher Bewegungen meiner Dachsparren gespannt beobachten.

Nachdem die besagte Glasscheibe jetzt nach vier Jahren immer noch „unschuldig“ und unversehrt an ihrem Platz sitzt, kann das Experiment wohl als gelungen bezeichnet werden.

So wichtig ruhiges Holz in diesem Fall war, muß trotzdem die Frage gestellt werden, ob es auch in jedem anderen Anwendungsfall (Möbel, Böden ...) sinnvoll ist, vom natürlichen Baustoff Holz Eigenschaften wie absolute „Bewegungslosigkeit“ zu verlangen. Eine Frage, die ich mit Nein beantworte, denn Holz ist nun einmal ein Naturmaterial, das lebt und arbeitet. Gerade überzogene Ansprüche an die Bewegungslosigkeit von Holz führen oft zu großflächigen Verleimungen (Beispiel: Fertigparkett) und zum Einsatz von synthetisch-chemischen Hilfsmitteln, die gesundheitliche und ökologische Probleme mit sich bringen können.

Ein Schluß läßt sich aus der Begebenheit ziehen: Auch bei den schwierigsten Holzbauaufgaben lohnt es sich in jedem Fall, die Möglichkeiten, die uns die Natur anbietet, zu beachten, anstatt zu Hilfsmitteln aus der Erdöl- und Chlorchemie zu greifen.

## Zweites Kapitel

# Reife Bäume vom richtigen Standort

In diesem Kapitel lesen Sie,

... warum man das reife Holz langsam gewachsener Bäume mit feinem Seidengewebe vergleichen kann;

... warum zwei Alphörner unterschiedlich klingen, obwohl sie aus dem gleichen Baum geschnitzt wurden;

Sie wandeln auf den Spuren Stradivaris und begegnen schließlich zwei Brüdern am Abgrund.

# Im Wald gereift

Bei einer tausendjährigen Eiche finden wir in der Mitte des Stammes, so er noch nicht hohl ist, tatsächlich Holzsubstanz, die 1000 Jahre alt ist. Diese 1000 Jahre sind nicht spurlos vorbeigegangen. Harze, Gerbstoffe, Farbstoffe und die verschiedensten Holzinhaltsstoffe werden im Stammesinneren eingelagert, umgebaut und bewirken die Unterschiede zwischen altem, reifem Holz und jungen, unreifen Stämmen.

Stradivari hat für seine Geigen alte, langsam gewachsene Gebirgsfichten gesucht. Er wollte Holz, das im Stammesinneren diesen Reifungsprozeß abgeschlossen hatte. Diesen Reifungsprozeß können aber nicht nur Geigenbauer nutzen. Auch der Bauherr erhält von alten, ausgereiften Bäumen ruhigeres und gesetzteres Bauholz als von halbwüchsigen Jünglingen.

Jahresringe:
nur der Kern einer 1000jährigen Eiche ist tatsächlich 1000 Jahre alt.

## Wie entsteht das Material Holz?

Welcher Teil eines 2000 Jahre alten Olivenbaumes hat auch schon materiell zur Zeit Jesu Christi existiert? Die Bildung eines Baumstammes beginnt mit dem Austreiben des Keimes aus dem Samenkorn. Jedes Jahr wird das junge Bäumchen mit einer neuen, dünnen Schicht von Holzzellen überzogen. Das Holzwachstum geht also an der äußeren Hülle des Baumes vor sich, direkt unter der Rinde.

Das Alter eines Baumes kann man an den Jahresringen abzählen.

Beim 2000jährigen Olivenbaum ist nur die innerste Schicht 2000 Jahre alt. Die letzte, außen sichtbare Schicht wurde wie bei jedem anderen Baum im Vorjahr unter der Rinde gebildet. An einem umgeschnittenen Baum sehen wir an der Schnittfläche diese Schichten in Form der Jahresringe. Jedes Jahr bedeutet einen Ring (siehe Graphik).

An den Jahresringen eines Stammes läßt sich das Alter abzählen. Der Fachmann kann aus dem Abstand der Ringe zueinander und aus der Gleichmäßigkeit des Aufbaus Schlüsse über die Holzqualität ziehen. Feinjähriges Holz mit geringen Abständen zwischen den Jahresringen (z. B. beim Nadelholz 1 mm und darunter) ist in der Regel hochwertiger, weniger riß- und spannungsanfällig und dauerhafter. Dieser Holzaufbau kann durchaus mit Geweben und Stoffen für Bekleidung verglichen werden. Je feiner verwoben, je enger die Maschen, desto hochwertiger, geschätzter und kostbarer ist der Stoff.

## Feines Gewebe aus hohen Lagen

Der richtige Zeitpunkt der Holzernte und die Auswahl der für den jeweiligen Verwendungszweck richtigen Bäume vom richtigen Waldort: Das sind untrennbar miteinander verbundenen Grundsätze der natürlichen Holzverarbeitung. Eine Diskussion darüber, was wohl wichtiger sei, die Holzernte zum richtigen Zeitpunkt oder die Auswahl ruhig gewachsener Bäume vom richtigen Waldort, ist genauso sinnlos wie die Frage, ob die Henne oder das Ei zuerst da war. Beide Maßnahmen, der ruhig gewachsene Baum und die Holzernte zum richtigen Zeitpunkt sind Grundvoraussetzungen für ruhiges und dauerhaftes Holz.

Schauen Sie sich aus diesem Blickwinkel die Einflüsse des richtigen Waldortes und des damit verbundenen ruhigen Wuchses der Bäume im folgenden Kapitel genauer an.

Als erstes Beispiel soll die Fichte, die in Europa wohl wichtigste Baumart für die Herstellung von Bauholz, stehen. Schnellgewachsene Fichten mit Abständen von einem bis zu drei Zentimetern(!) zwischen den einzelnen Jahresringen sind in Tieflagen auf nährstoffreichen

Böden keine Seltenheit, während im Hochgebirge dieselbe Holzart Bäume mit Jahresringabständen von nur einem Millimeter oder noch weniger hervorbringt. Diese feine Struktur bringt uns in der Holzverarbeitung und beim Haus- und Möbelbau viele Vorteile.

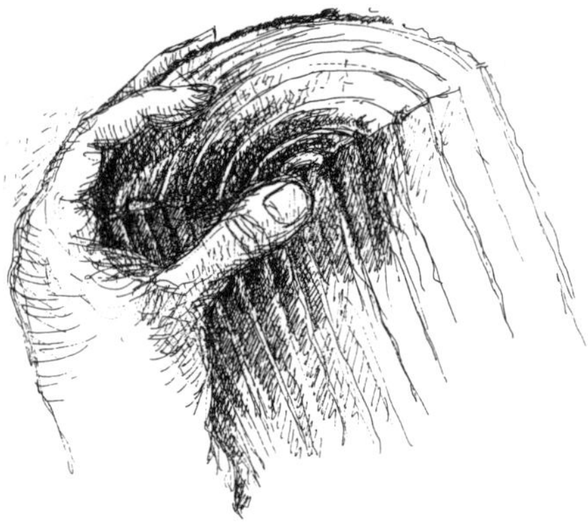

An den Abständen der Jahresringe erkennt man den Unterschied zwischen schnell . . .

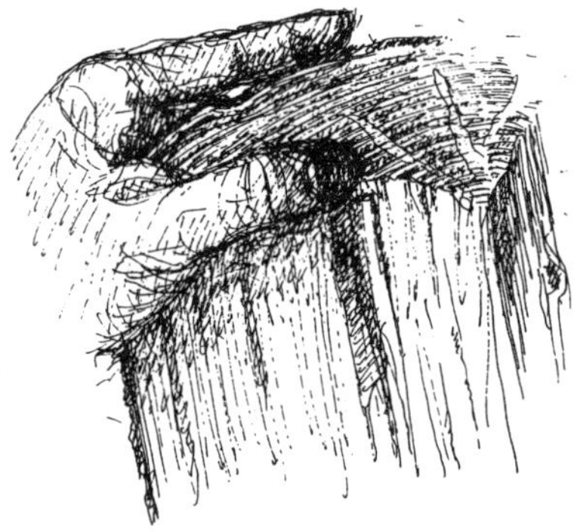

. . . und langsam gewachsenem Fichtenholz.

Holz kann man in dieser Hinsicht mit Textilien vergleichen. Je feiner und vernetzter die Struktur ist, desto elastischer, geschmeidiger, fester und auch dauerhafter ist der Stoff. Die sehr schnell gewachsene Tieflagenfichte verhält sich zur feinjährigen Hochlagenfichte so ähnlich wie ein grober Jutesack zu einem feinen Seidengewebe.

Aus diesem Grund verarbeiten wir in unserem Betrieb für Holzbauten mit hohen Anforderungen an die Ruhe des Holzes, wie etwa bei der im vorigen Abschnitt beschriebenen Glasfassade, immer nur fein gewachsenes Holz aus höheren Lagen (aus Wäldern in ca. 1100 – 1200 m Seehöhe und darüber).

## Der natürliche Wald

Ein weiteres Phänomen, das mit dem Waldort und der Herkunft der Bäume zusammenhängt, ist der „natürliche" Wald. Für jeden Waldboden, für jedes Fleckchen Erde hat Mutter Natur durch die generationenlange Auslese und Evolution eine Baumartenmischung vorgesehen, die dort genau hinpaßt und mit dem Boden ein harmonisches Gleichgewicht findet. In so einem natürlichen Wald stockt auf jedem Boden und in jeder Klimazone die jeweils am besten angepaßte Waldfamilie (denken Sie an das Gleichgewichtsprinzip von Yin und Yang).

Diese von der Natur vorgesehene Waldgesellschaft oder Waldfamilie finden wir in jedem von Menschen unberührten Urwald. Obwohl die Lehre von den natürlichen Wäldern ein (wieder an Bedeutung gewinnender) Teil jedes Forststudiums ist, waren es gerade die Forstleute, die in den letzten beiden Jahrhunderten große Teile unserer mitteleuropäischen Wälder verändert haben. Aus einseitig betriebswirtschaftlichen, gewinnorientierten Motiven heraus wurden viele stabile, natürliche Mischwälder meist in Fichtenmonokulturen umgewandelt. „Die Fichte ist der Brotbaum der Forstwirtschaft", hieß es an den Forstschulen bis in die 70er Jahre.

Baumgemeinschaften, die sich über Jahrtausende hinweg als die jeweils gesündesten, am besten an den jeweiligen Waldort angepaßten und widerstandsfähigsten herausgebildet hatten, wurden aus purem Gewinnstreben vielerorts innerhalb von einer oder zwei Menschengenerationen vernichtet.

Nachgewachsen sind dann oft nicht mehr die herrlichen, von der Natur gebildeten Mischwaldgesellschaften, sondern dem Waldboden fremde und krankheitsanfällige Reinbestände aus Nadelhölzern, von denen man mehr Geldertrag erwartete.

Von der Natur aus gibt es in wärmeren, tieferen Lagen unter ca. 1100 – 1200 m Seehöhe praktisch keinen reinen Nadelwald und schon gar keinen reinen Fichtenwald. Nur im Gebirge oder im hohen Norden können Nadelwälder aus Fichte, Tanne, Lärche, Zirbe oder Kiefer durchaus dem natürlichen Optimum entsprechen. Reine Fichtenwälder sind aber auch im Gebirge eher selten jene Waldgemeinschaft, die die Natur hier gebildet hätte. Meist finden wir Mischungen der Fichte mit einzelnen Laubbäumen sowie mit Tanne, Lärche oder Zirbe.

Erst spät, nach Jahrzehnten der Monokulturen-Forstwirtschaft, hat man eingesehen, daß diese unnatürlichen Nadelwaldreinbestände viele Nachteile haben. Der Boden wird nicht mehr vielfältig durchwurzelt, die Humusbildung ist durch die Nadelstreu einseitig und meist zu sauer, die Anfälligkeit der Bäume gegen Insekten, Pilze, Sturm und Schneebruch ist höher.

Je weiter entfernt von ihrem natürlichen Verbreitungsgebiet die Fichte gepflanzt wurde, je weiter ins warme Flachland hinaus, desto anfälliger gegen Krankheiten und Schädlinge wurde sie.

Die Forstleute haben (leider erst in den letzten Jahren) viel dazugelernt und kein guter Förster würde heute noch ortsfremde Fichtenmonokulturen pflanzen. Im Gegenteil, man versucht, vorhandene Monokulturen wieder in Mischwälder umzuwandeln.



Durch Vergrauen schützt sich das Holz vor der Witterung: Alte Dachschindeln aus Lärchenholz.

Holz – zum richtigen Zeitpunkt geerntet, gut getrocknet und fachmännisch verbaut – überdauert auch ohne chemische Holzschutzmittel die Jahrhunderte. Die Sonne gibt ihm die natürliche Färbung.
Ein Blockhaus (unten) mit – entsprechend der Sonneneinstrahlung – verschieden gefärbten Wänden. Links die Süd-, rechts die Ostseite. An den massiven Blockhausbohlen erkennt man deutlich die Jahresringe (oben).

\Aus dem traditionellen Blockbau wurde die Holz100 Bauweise entwickelt.

Sieht aus wie ein „normales“ Blockhaus. Ist aber ein Holz100 Haus mit 36! cm dicken, setzungsfreien Massivholzwänden und all den technischen Verbesserungen.

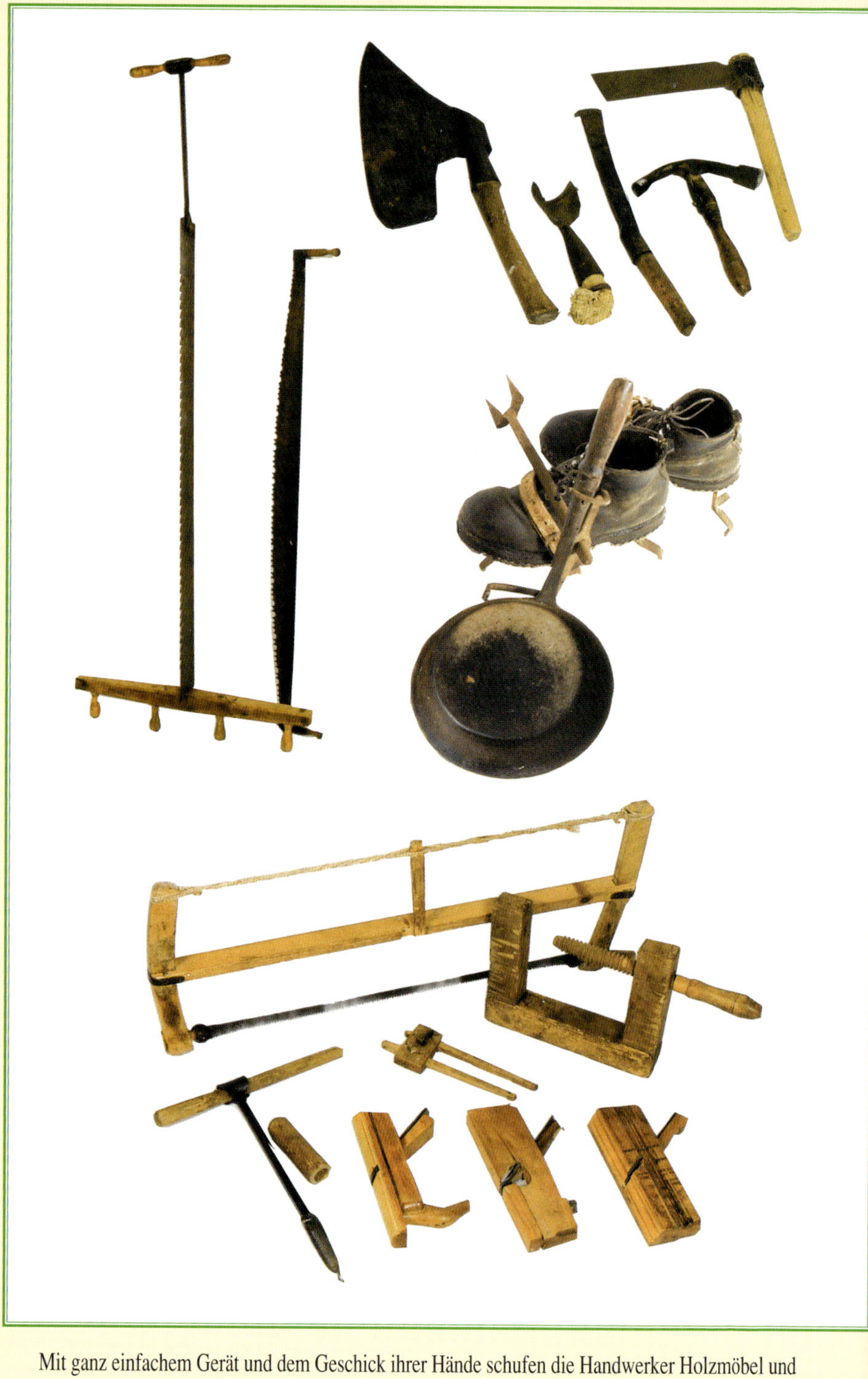

Mit ganz einfachem Gerät und dem Geschick ihrer Hände schufen die Handwerker Holzmöbel und -häuser für Generationen. Hier die Werkzeuge des heute 90jährigen Zimmermanns Gottlieb Brugger. Sie waren jahrzehntelang in Verwendung.

Das Wissen der Alten um den richtigen Umgang mit Holz sollten wir bewahren und an die nächsten Generationen weitergeben. Wie seit Jahrhunderten üblich, hat der alte Jäger Fritz Löffler seinen kunstvoll geschlichteten Brennholzstapel mit Rinde abgedeckt, um ihn vor Regen zu schützen.

Der Duft der ätherischen Öle im Zirbenholz hält Motten und Mehlwürmer von der Getreidetruhe fern.

Fußböden aus massivem Holz dienen mehreren Generationen. Die Rotbuche schenkt uns hartes und widerstandsfähiges Holz (oben links). Parkett aus Kirschholz mit Sternen aus Bergahorn (oben rechts) und Dielen aus Bergahorn „bunt“ (unten links). Dieser Parkettboden aus bunter Bergesche (unten rechts) ist schwimmend verlegt: Er kann - etwa bei einer Übersiedelung - abgebaut und neu verlegt werden. Alle Böden sind aus Mondphasen-geerntetem Thoma-Holz.

Durch die neue Holz100 Technologie können auch Großbauten, wie diese Hotels, mit vollem Holz errichtet werden. Holz100 bietet Brandsicherheit, Schallschutz und Wohngeborgenheit auf bisher unerreichtem Niveau.

Große Glasflächen prägen dieses Energiesparhaus im Norden Deutschlands. Holz100 bietet jede architektonische Freiheit.

Mut zur Farbe: Innen die Geborgenheit des Massivholzhauses und außen eine moderne, verputzte Fassade, wünschten diese Bauherren des Doppelhauses in Südtirol.

Jeder Häuslbauer ist, wie wir Holzverarbeiter, durch diese Entwicklung mit zwei Arten von Bauholz konfrontiert: Fichtenholz von Standorten, wo auch die Natur Fichten gepflanzt hätte (überwiegend im Bergland), und Holz aus unnatürlichen Fichtenmonokulturen.

Der interessante Unterschied zwischen diesen beiden Möglichkeiten ist, daß Fichten aus unnatürlichen Monokulturen durchwegs ungünstigere Eigenschaften hinsichtlich Ruhe und Dauerhaftigkeit des Holzes aufweisen als Fichten aus Wäldern mit natürlichen Wuchsbedingungen.

Zum Beispiel würde ich niemals Fichten aus den Reinbeständen im tiefgelegenen Alpenvorland für einen Holzbau mit höchsten Anforderungen, wie Wintergärten oder Glasfassaden verarbeiten.

Fichtenholz, das im natürlichen Mischwald oder in den inneralpinen, natürlichen Gebirgsnadelwäldern alt wird, verfügt über bessere Eigenschaften als waldortfremdes Fichtenmonokulturenholz. Denn ein Baum, der im sozialen Gefüge des ihm natürlich vertrauten Mischwaldes die volle Reife erlangt, wird immer das ruhigere Holz aufweisen als der arme Baumbruder aus dem Plantagenwald.

Unsere hier geschilderten Erkenntnisse beruhen auf der Erfahrung mit der Verarbeitung vieler tausender Bäume, vom Wald bis zum fertigen Werkstück. Das Grundprinzip bleibt immer dasselbe: Die Natur beobachten und danach handeln! Der Aufruf, den richtigen Waldort zu beachten, richtet sich nicht nur an den Waldbesitzer, sondern auch an die Fachleute der Holzverarbeitung und an jeden Käufer von Holzprodukten.

Wenn der Möbelkäufer oder Bauherr von seinem Handwerker Informationen über die Herkunft seines Holzes verlangt, wird dieser die Informationen von seinem Säger verlangen, der das Holz liefert. Wenn sich Säger und Förster mit dieser Frage konfrontiert sehen, werden diese beginnen, verschiedene Bäume für verschiedene Verwendungszwecke zu sortieren. Am Ende werden diese Bemühungen durch gift- und chemiefreie Holzbauten, Möbelstücke, Spielzeug und Werkstücke aus Holz gekrönt sein. Diese Möglichkeit, Holz besser, menschlicher und gesünder zu verarbeiten und gleichzeitig die Holzartenmischung in unseren Wäldern wieder naturnäher werden zu lassen, sollten wir und die Generationen nach uns unbedingt nützen.

## Das ungleiche Zwillingspaar

Immer wieder erlebe ich (Holz)-Handwerkerkollegen, die es sich gern einfach machen möchten und sagen: „Fichte ist Fichte, so groß sind doch die Unterschiede nicht!" Diese Unterschiede zwischen einzelnen Bäumen werden durch die verschiedenen Waldböden und Klimaverhältnisse geprägt. Welch großen Einfluß auf das Verhalten des Holzes diese Verschiedenheiten haben können, werden Sie erahnen, wenn Sie hören, welche Unterschiede sich bereits in der Holzstruktur ein- und desselben Baumes finden.

Ein Salzburger Alphornbauer erzählte mir: Er hatte einen großen Holzpfosten gefunden, der alle seine Wünsche und Anforderungen für den Bau eines Alphornes erfüllte. Solch gutes Instrumentenholz ist aber rar und er wollte sein Holzstück am besten dadurch ausnützen, daß er daraus gleich zwei Alphörner fertigte, und zwar so:

Es entstanden tatsächlich gleichförmige Alphorn-Zwillinge aus demselben Baum. Der Instrumentenbauer benutzte eine Vorrichtung, die ihm identische Durchmesser, Wandstärken und Formen beider Instrumente garantierte.

Ein einziger Unterschied blieb zwischen den beiden Hörnern bestehen: Durch die Form des Zuschnittes aus dem Pfosten war die Blasrichtung bei einem Horn von der Wurzel zur Krone des ehemaligen Baumes und beim anderen Alphorn von der Krone zur Wurzel.

Beim Probeblasen der beiden Hörner passierte das Erstaunliche. Die Tonlage der aus demselben Stamm

Obwohl aus dem gleichen Baum geschnitzt, klingen die beiden Alphörner unterschiedlich.

gebauten Alphörner war grundverschieden. Der Instrumentenbauer mußte ein Horn um mehrere Zentimeter kürzen, um die gleiche Tonlage beider Hörner zu erreichen.

Töne, die aus und mit Holz erzeugt werden, lassen uns auf ganz feine Weise die Wechselwirkungen zwischen Holzfaser und Umwelt erkennen. Die Luftsäule, die gegen die Wuchsrichtung des Alphornes schwingt, verhält sich anders als die Luftsäule, die mit der Wuchsrichtung schwingt.

Die Art und Weise, wie die Holzfaser aufgebaut ist und wie wir damit umgehen, bestimmt das Ergebnis unserer Arbeit mit Holz. Gleichgültig, ob es um die Kunst des Instrumentenbaus oder um den Bau eines Holzhauses geht. Für den Instrumentenbauer sind sogar Wuchsverschiedenheiten im selben Baum entscheidend. Beim Bau eines Holzhauses hingegen genügt es, auf ruhig gewachsene Stämme zu achten.

## Auf den Spuren Stradivaris

Für Geigen, Cellos und Gitarren müssen hauchdünne Holzdeckel angefertigt werden, die ruhig bleiben, nicht reißen und auch noch frei und unverspannt schwingen und gut klingen – eine wahrhaft besondere Anforderung an das Holz.

Schon als Förster hatte ich das Glück, in meinem Bergrevier einige Geigenbauer kennenzulernen. Die gemeinsame Suche nach geeigneten „Klangbäumen“ war oft ein tagelanges, scheinbar erfolgloses Unterfangen. Wenn es dann aber doch gelungen ist, einen oder mehrere Geigenbäume ausfindig zu machen, so war das immer ein Erfolgserlebnis der besonderen Art.

Diese Erlebnisse haben vielleicht auch dazu beigetragen, daß Geigenbauer nach wie vor den Weg zu unserem Sägewerk finden, um Geigenholz zu suchen und dann und wann mit einem guten Stück glücklich heimwärts ziehen.

Ich habe noch keinen einzigen Instrumentenbauer kennengelernt, der je darüber nachgedacht hätte, schnell gewachsenes Holz mit großen Jahresringabständen zu verarbeiten. Nur feinjährige, „ausgereifte“ Hochgebirgsfichten von Standorten, wo die Natur Fichten hingepflanzt hat, kommen für die Instrumentendeckel in Frage.

Die Funde einzelner, kostbarer Geigenbäume zähle ich zu den Kraftquellen, die mir später geholfen haben, nicht aufzugeben, wenn der Weg auf der Suche nach ruhigem, natürlich verarbeitetem Holz besonders steinig geworden ist.

Solche Funde habe ich auch immer als Anstoß erlebt, darüber nachzudenken, ob die mir damals von „oben“ verordnete Kahlschlagwirtschaft, bei der alle Stämme sozusagen anonym und in riesigen Mengen vermarktet wurden, der richtige Weg sei, um dem kostbaren Rohstoff Holz gerecht zu werden.

Keine Frage: Es wäre unsinnig, für einen Dachstuhl Holz in „Geigenbauqualität“ zu suchen. Aber wir wissen, daß wir bei Beachtung des richtigen Waldortes und des richtigen Zeitpunktes der Holzernte dauerhaftes, ruhiges und bewegungsarmes Holz für gute, gesunde und dauerhafte Holzbauten ohne jeden weiteren Aufwand bekommen.

Langsam gewachsenes Bergholz steht für Holzbauten, wo auf Ruhe und Dauerhaftigkeit Wert gelegt wird, in ausreichendem Maß zur Verfügung. In unseren Wäldern wächst mehr davon nach, als wir verarbeiten.[1] Wir

[1] In Österreich und Deutschland wird derzeit nur ca. die Hälfte der jährlich nachwachsenden Holzmenge verarbeitet. Der Rest bleibt in den Wäldern und wird dort „ungenutzt“ wieder zu Humus.

sollten es nur erkennen und nicht mit weniger kostbarem „Plantagenholz“ vermischen, sodaß am Ende eine anonyme Holzmasse herauskommt, die noch dazu oft mit chemischen Hilfsmitteln verarbeitet wird.

Allein im kleinen Österreich wächst in ca. zwei Minuten[1] das Holz für ein komplettes Holzhaus vom Keller bis zum Dachfirst! Feinjähriges Bergholz steht uns ausreichend zur Verfügung. – Es ist ein Geschenk der Natur, das wir annehmen sollten.

## Zwei Brüder am Abgrund

Bei der Arbeit mit natürlichen Materialien und Lebewesen läßt sich nichts schematisieren. Es geht immer darum, zu beobachten und sich auf jedes einzelne Lebewesen einzustellen.

Die vorhergegangenen Ausführungen über unnatürliche Fichtenmonokulturen und natürlich gebildete Waldgemeinschaften dürfen nicht so verstanden werden, daß der natürliche Mischwald nur mehr aus „Geigenholz-“ und „Glasfassadenträger-Bäumen“ bestehen würde. Wie in einer Menschenfamilie finden sich auch in der Waldfamilie bei jedem einzelnen Mitglied andere Neigungen und Fähigkeiten. Es geht im Wald wie im Leben darum, etwa für ein Orchester die besten Musiker herauszufinden, für ein Handwerk die Geschicktesten, für geistige Arbeiten die Gescheitesten usw.

Wie genau man bei der Auswahl der Bäume hinschauen muß, zeigt das Beispiel der beiden Bergahornbäume: Selbst das Holz nebeneinander stehender

---

[1] Das wären ca. 260.000 Häuser pro Jahr. Würden alle diese Häuser tatsächlich gebaut, dann hätte nach 30 Jahren jeder Österreicher, vom Kleinkind bis zum Greis, ein Holzhaus.

Stämme ist nicht immer von gleichem Wuchs und gleicher Qualität. Damit die folgenden Ausführungen verständlich werden und zu einem guten Ergebnis bei Ihrem Bau beitragen, habe ich einen Freund gebeten, diese beiden Bergahornstämme zu zeichnen.

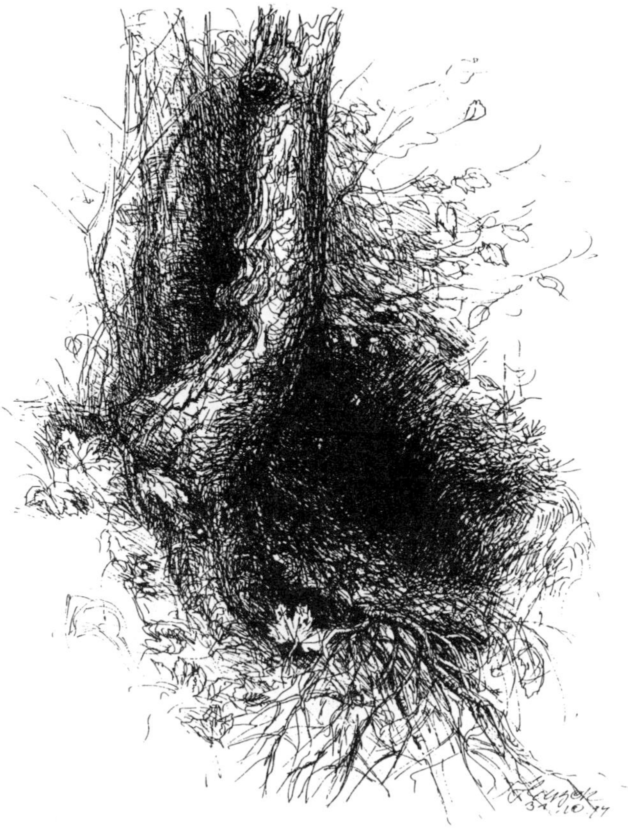

Diesem Ahorn sind die Mühen des Wachsens an der Hangkante auf den krummen Stamm geschrieben.

Die Graphiken zeigen naturgetreue Abbildungen von Bergahornbäumen, die am selben Abgrund über einem Bachlauf stehen. Das Wachsen an dieser Geländekante bedeutet, daß die Wurzeln, die den Anfangs nur einige Gramm schweren Keimling tragen, eines Tages ein Gewicht von fünf bis zehn Tonnen des ausgewachsenen Baumes in den Boden übertragen müssen. Trägt der Baum dann noch eine winterliche Schneelast, oder die Gewalt eines Sturmes biegt seine Krone, so erhöht sich diese Last um ein Vielfaches! Das kleine Bäumchen ist zu einem statischen Wunderwerk geworden. Kein Bauingenieur der Welt kann das Gewicht seiner Bauten so einfach und genial in den Boden übertragen wie das durch die Wurzeln unserer Bäume geschieht.

Sein Bruder hatte Glück:
eine Fichte (rechts) half ihm, gerade zu wachsen.

Die Art und Weise, wie der Boden dem Baum Halt und Ruhe gibt, ist ein entscheidender Faktor für die Ruhe und die Qualität der Holzfaser.

Sehen wir uns nun die Geschichte der beiden Bergahornstämme an. Beide sind als Keimling auf dem schwierigen Standort der Geländekante gelandet. Schwierig deshalb, weil die Hangkante unter der ständig zunehmenden Last der wachsenden Bäume nachgibt. Die Wurzeln und der Stammfuß müssen diese Kräfte aufnehmen und ausgleichen, sich dagegen spannen und stemmen und sind in der Lage, durch die feine Durchwurzelung des Erdreiches das große Gewicht des ausgewachsenen Baumes in einen rutschigen Hang zu übertragen.

Das Stützen des Baumes ist aber nicht das einzige, was dieses Netzwerk feiner und feinster Wurzeln zu leisten vermag. Durch die sorgfältige Einbeziehung jeder Bodenkrume und jedes Steinchens, durch das unaufhörliche Vordringen und Aufschließen weiterer, tieferer Bodenschichten und durch den ständig fließenden Wasser- und Nährstoffaustausch zwischen Wurzelwerk und Erdreich trägt jeder Baum seinen Teil zur Bodenbefestigung, Bodenerhaltung und Bodenbildung bei.

Auf diese Weise können sogar auf rutschigen Hängen stabile Bäume wachsen und auch auf kargen Böden vermag der Wald im Lauf von Jahrhunderten, von sich aus fruchtbare Wuchsorte zu bilden. Die Försterkunst liegt darin, diese Wunder auf jedem Waldboden zu erkennen und die Natur in ihrer Arbeit nicht zu behindern. Großartige Unterstützung durch den Menschen benötigt sie dabei nicht.

Der erste der beiden dargestellten Ahornbäume hatte diese Arbeit geschafft. Er hatte seine Aufgabe bewältigt, den Boden befestigt, vor Erdrutschungen bewahrt und ist jetzt fest verwurzelt. Aber die Folgen der Arbeit am rutschigen Abgrund sind ihm auf den

Stamm und ins Holz geschrieben. Obwohl er in einem guten Ahornklima und in einer ihm natürlich zusagenden Baumartenmischung gewachsen ist, würde ich mich mit diesem Stamm, auch bei Einhaltung des richtigen Holzerntezeitpunktes und bei richtiger Trocknung (siehe Kapitel „Wasser im Holz", Seite 75) an keine schwierige Aufgabe heranwagen, etwa besonders lange und breite Bodendielen daraus anzufertigen.

Der zweite der beiden dargestellten Stämme hatte bei seiner Verbindung zu Mutter Erde größeres Glück. Eine Fichte ist unter ihm gewachsen und hat all die Kräfte der Hangkante übernommen. Der Ahorn dahinter konnte ruhig, ausgeglichen und spannungsfrei die Verbindung mit dem Erdreich eingehen. Dementsprechend pflanzt sich die Ruhe und Harmonie über seinen Stamm bis in die Krone fort.

Aus solchen ruhig gewachsenen Bäumen fertigen wir etwa unsere Vollholzböden mit Dielen bis zu 30 cm Breite und Längen bis fünf Meter, hergestellt aus einem einzigen, unverleimten Stück Holz!

## Drittes Kapitel

# Wasser im Holz

In diesem Kapitel lesen Sie,

... wie Holz am besten trocknen soll;

... wie entscheidend die Holzfeuchtigkeit bei Blasinstrumenten ist;

... warum frisch geschlagene Bäume besser Wipfel bergab liegen und

... was Holz mit einem Badeschwamm gemeinsam hat.

## Holzfeuchtigkeit in großen Orchestersälen

Wie wichtig Holzfeuchtigkeit und die richtige Trocknung und Lagerung von Holz sind, zeigt die folgende Geschichte:

Ein Oboenbläser, der in Claudio Abbados Jugendorchester groß geworden und an mehreren europäischen Konzert- und Opernhäusern tätig ist, hat mir von seinen Beobachtungen erzählt.

Oboen werden, wie auch Klarinetten, aus schwarzem Ebenholz gefertigt. Früher lagerten alte Instrumentenbaumeister das Ebenholz für wirklich gute Instrumente 20 bis 30(!) Jahre, bevor es verarbeitet wurde. Nun gab es aber in den letzten Jahren in Europa eine sehr rege Nachfrage nach diesen Instrumenten, sodaß derzeit kaum mehr eine Oboe aus 30 Jahre gelagertem Holz zu bekommen ist. Das ist aus der Sicht des Künstlers dramatisch, denn es passiert immer häufiger, daß an sich gute Instrumente, die aus zu jungem Holz gefertigt sind, Risse und Sprünge bekommen.

Stellen Sie sich vor, wieviel Speichel und feuchte Atemluft so ein Instrument bei einem mehrstündigen Konzert verabreicht bekommt. Hinterher muß das sensible Holzrohr dann oft bei trockenster Zentralheizungsluft rasch wieder austrocknen. Spannungen im Holz sind hier vorprogrammiert. Nicht selten werden auf diese Weise kostbare Holzblasinstrumente durch auftretende Trocknungsrisse zerstört.

Vor diesem Hintergrund wird versucht, die lange Lagerung des Ebenholzes durch technische Verfahren zu ersetzen, bei denen das Holz mit heißem Öl und Druck behandelt wird. Dazu der Musiker: „Diese Instrumente sind schön anzusehen – sie bekommen keine Risse – nur der Klang ist weg. Obwohl sehr sauber gemacht, sind sie bestenfalls für Anfänger und

Schulungszwecke zu gebrauchen, nicht aber für den Orchestereinsatz. Dieses Holz klingt einfach nicht mehr!"

Leider kann ich keine Oboe blasen und daher nicht nachprüfen, was mir der Musiker erzählte. Nachdenklich stimmte mich der Bericht trotzdem. Da fallen mir die jahrelang gelagerten Holzstapel in unserem Sägewerk ein und die Betriebswirte, die mir immer vorrechnen, das sei totes Kapital[1]. Aber: Die langsame, jahrelange Lufttrocknung des Schittholzes kann auch im Zeitalter modernster Trockenkammern nicht ersetzt werden.

## Wieviel Feuchtigkeit ist richtig?

Die Reifung des Baumes im Wald wird durch dessen Ernte beendet. Jetzt kommt die Frage nach dem noch vorhandenen Wasser im Holz.

Vom Wasser hängt nicht nur das Wachstum der Bäume ab. Von der Feuchtigkeit hängt es auch ab, ob Pilze und Insekten im Holz leben und unseren hölzernen Bauten und Kunstwerken dadurch Schaden zufügen können. Unter einem bestimmten Feuchtigkeitswert sind unsere Hölzer gegen Pilze (unter 20 %) und Insekten (unter 8–12 %) geschützt. Diese natürliche Resistenz ist die Grundlage eines Holzschutzes ohne synthetische Chemie, die Grundlage der Dauerhaftigkeit unserer uralten Holzgebäude, denen Pilze und Insekten durch Jahrhunderte hindurch nichts anhaben konnten. Natürlicher Holzschutz bedeutet also nicht nur, Holz zum richtigen Zeitpunkt zu ernten, sondern auch so zu verarbeiten, daß es durch seine Trockenheit vor Insekten und Pilzen geschützt ist.

---

[1] Eine Liste mit empfohlenen Holzlagerzeiten finden Sie im Serviceteil, Seite 187.

In jedem lebenden Baum ist sehr viel Wasser gespeichert (ca. 100 % Holzfeuchte). In jedem verarbeiteten Holzstück, gleichgültig, ob Möbel oder Bauholz, Spielzeug oder Dachstuhl, ist nur mehr ein Bruchteil dieses Wassers vorhanden (ca. 6–20 % Holzfeuchte).

Beim Austrocknen wird jedes Holzstück geringfügig kleiner – es schwindet. Soweit das Schulwissen.

Lesen Sie in den folgenden Kapiteln, daß es darüber hinaus auf einige Details ankommt, damit Sie das Ziel, dauerhaftes und ruhiges Holz zu bekommen, erreichen. Die Art und Weise, wie das Wasser den Stamm verläßt, wird Ihre Freude mit dem Holz entscheidend beeinflussen.

## Wipfel bergab – eine List der Natur

Die alten Holzbauern sagen: „Wenn Du gutes Bauholz haben willst, dann schlage die Bäume mit dem Wipfel bergab und lasse sie samt den Ästen einige Wochen liegen, bevor Du das Holz aus dem Wald holst!"

Was geschieht hier?

Wenn ein Baum umgeschnitten wird, reagiert er mit einem arterhaltenden Reflex. Er versucht noch einmal, zu blühen, Samen auszubilden und sich fortzupflanzen. Damit das möglich wird, braucht er Wasser. Er „saugt" mit seinen Ästen noch einmal richtig an, und versucht, neue Blätter, Nadeln und eben Samen zu bilden. Der Baum zieht auf diese Weise Wasser durch seine natürlichen Leitungen und Kanäle aus dem Stamm in die Krone. Dadurch wird das Holz ruhiger und die Holzfaser bleibt unversehrt. Durch die Hanglage der Bäume mit dem Wipfel bergab wird der Saftstrom vom Stamm in die Baumkrone noch durch die Schwerkraft verstärkt.

Wir wollten dieses Wissen der alten Holzbauern durch ein Experiment überprüfen: Im Frühjahr, beim Austreiben der Blätter, als der Saftstrom voll im Gang war, schnitt ich eine Buche um. Vom Stamm schnitt ich zwei Stücke ab und lagerte sie am Hang schräg bergab. Allerdings so, daß ein Stück mit dem Wipfel bergab, das andere mit der Wurzel bergab lagerte.

Beim Lagern des Stammes „Wipfel bergab" (rechts) verliert das Holz seine Feuchtigkeit schneller.

Was nun passierte, bestätigte unsere Vermutung: Nach kurzer Zeit begann der Saft aus beiden Stammstücken zu tropfen. Aber der Stamm mit der Lage Wipfel bergab tropfte etwa dreimal so schnell wie der Stamm mit der Wurzel bergab.

Eigentlich kein Wunder, denn auch der natürliche Weg des Wassers im Baum geht von der Wurzel zur Krone.

## „Schwammholz“

Wasser im Lebewesen Baum ist mehr als der Inhalt eines Tanks, der geleert oder aufgefüllt werden kann.

Schnell getrocknetes Oboenholz hat technisch meßbar den gleichen Wassergehalt wie 30 Jahre abgelagertes Holz. Dennoch reißen die Oboen aus dem „jungen“ Holz, während das abgelagerte Holz ruhig bleibt.

Die Wasseraufnahme und -abgabe aus dem porigen Material Holz kann mit der Saugfähigkeit eines Schwammes verglichen werden. Der springende Punkt ist, daß lang gelagertes Holz bei Feuchtigkeitsschwankungen ruhiger bleibt als junges, rasch getrocknetes Holz. Solch junges und viel stärker reagierendes Holz bezeichnen wir als „Schwammholz“.

Dieses Prinzip gilt immer, nur sind bei Bauholz, Möbelholz und Werkholz die Lagerzeiten kürzer als bei Instrumentenholz. Je nach Holzart und Verwendungszweck genügen hier ein bis drei Jahre Lufttrocknung[1)].

Als Faustregel kann man sich merken: Je schneller Holz getrocknet wird, desto unruhiger ist es im verarbeiteten Zustand, desto größer ist der „Schwammeffekt“ des Holzes. Das heißt: Bei Aufnahme von Feuchtigkeit aus schwüler Sommerluft bewegt sich technisch sehr schnell getrocknetes Holz mehr als langsam getrocknetes und jahrelang abgelagertes Holz.

---

1) Eine Tabelle mit sinnvollen Lufttrocknungszeiten finden Sie im Serviceteil.

Ein Bretterstapel, der vor Regen geschützt einige Jahre im Freien lagert, hat schwüle, heiße Sommertage genauso hinter sich wie eisig durchfrorene Winternächte. Er kennt Hitze, Frost, Reif, starken Regen und vieles mehr. Aus diesen Brettern ist nicht nur das Wasser herausgetrocknet, sie haben auch Anpassungen an die verschiedenen Witterungsverhältnisse hinter sich. Anpassungen, die in der langen Zeit auf das Holz entspannend wirken.

In den Jahren der Lagerung passiert neben der Trocknung noch etwas ganz Wichtiges: Oxidationen und verschiedene andere Vorgänge bewirken den Abbau und Veränderungen von Holzinhaltsstoffen. Nährstoffe für holzschädliche Insekten und Pilze werden abgebaut. Eine rasche, technische Trocknung in Trockenkammern, die in einigen Tagen oder Wochen abläuft, verzichtet auf den Vorteil dieses natürlichen Holzschutzes.

Vollkommene Verständnislosigkeit drückten die Gesichter einiger Betriebswirtschafter aus, die einmal unser Sägewerk besuchten. Sie standen vor vierjährig gelagerten Eichenbrettern, die der Weiterverarbeitung zu Vollholzböden entgegenreiften. Vier Jahre lang gebundenes Kapital, wo doch jedermann weiß, daß man in „modernen" Sägebetrieben die Trocknung mit Trockenkammern in einigen Tagen und Wochen erledigen kann. Wie kann man Holz und Kapital so lange liegenlassen?!

Dieser betriebswirtschaftliche Standpunkt mag rechnerisch richtig sein. Mit natürlicher Holzverarbeitung hat er aber nichts zu tun.

Eine rein technische Holztrocknung, die alle milderen Trocknungsformen der Natur ersetzt, produziert unruhiges Holz. Unruhiges Holz aber wird oft mit bedenklichen Leimen „gebändigt". Damit beginnt eine Einbahn, an deren Ende in Sondermüll verwandeltes Holz steht.

## Wo die Trockenkammer dennoch sinnvoll ist

Nach jahrelanger luftiger und trockener Lagerung des Holzes im Freien pendelt sich im mitteleuropäischen Klima der Wassergehalt bei 15–20 % ein. Auch nach 100 Jahren Lagerung im Freien wird das Holz dann nicht mehr trockener. Holz in zentralbeheizten Wohnungen pendelt sich durch die trockenere Luft aber bei 6–10 % Feuchtigkeit ein. Würde jetzt luftgetrocknetes Holz in zentralbeheizten Räumen zum Beispiel als Fußboden eingebaut, so übernimmt die Zentralheizung die Nachtrocknung des Holzes und Ihr Boden bekäme Fugen, weil das Holz noch einmal schwindet.

Es ist also hilfreich und sinnvoll, Holz, das in zentralbeheizte Wohnungen eingebaut wird, in einer Trockenkammer nachzutrocknen, um ihm die restliche Feuchtigkeit, das letzte „Zitzerl" Wasser zu entziehen. Vor diesem Trockenkammereinsatz soll aber immer die natürliche Trocknung zu Ende geführt worden sein.

Übrigens: Die Handwerker und Betriebe, deren Adresse Sie mit der beiliegenden Karte anfordern können, gehen den Weg der natürlichen Trocknung.

## Zweiter Teil

# Mensch und Baum

Die Geschichten und Erlebnisse des ersten Teils dieses Buches lassen uns ahnen, wie wir die Geschenke der Natur annehmen und in unser Leben einbeziehen könnten. Dennoch nehmen wir, häufig unbewußt, ökologische und gesundheitliche Risiken in Kauf – weil wir nicht (mehr) wissen, wie wir Holz und andere nachwachsende Rohstoffe auf natürlichem Weg verarbeiten und behandeln sollen.

Die Zeit ist reif, die Hand zu ergreifen, die uns die Natur reicht. Wer ihre Kreisläufe beachtet, wird mit einem genußvollen Leben in Harmonie und Muße belohnt. Gesunde Häuser und Wohnungen, Energiequellen ohne Umweltbelastung und ein lebenswerter Planet sind keine Utopien, sondern ein Ziel, das wir mit der richtigen Einstellung und frohem Mut erreichen können. Wie, das zeigt dieser zweite Teil des Buches.

## Viertes Kapitel

# Chemie im Holz

In diesem Kapitel lesen Sie,

... warum gerade das Thema Chemie im Holz dem Autor ein persönliches Anliegen ist;

... welche natürlichen Alternativen es zu synthetisch-chemischen Holzschutzmitteln gibt;

... daß Leim nicht gleich Leim ist;

... welche Wege Sie beim Möbelkauf gehen können und

... warum uns Haie mehr Angst einjagen, als giftige Holzschutzmittel, obwohl letztere unsere Gesundheit viel stärker bedrohen als die Raubfische.

## Der größte Fehler meines Lebens

Bei einem meiner Vorträge stand einmal ein Mann auf und erzählte den Zuhörern den nach seinen eigenen Worten größten Fehler seines Lebens:

*„Ich komme aus der Bau- und Immobilienbranche und habe vor mehreren Jahren für meine Familie und mich ein Haus gebaut. An dem Haus sind viele Holzschalungen, die ich, wie es damals üblich war, mit einem Holzschutzmittel gestrichen habe. Zwei Jahre später hat meine Frau ein Kind geboren, das schwer behindert ist. Wir haben allerdings nicht versucht, den Zusammenhang zwischen dem Holzschutzmittel und der Behinderung unseres Kindes nachzuweisen.*

*Das macht unser Kind auch nicht mehr gesund. Ich weiß aber heute, leider zu spät, daß dieser Anstrich der größte Fehler meines Lebens war."*

## Ein persönliches Anliegen

Synthetisch-chemische Anstriche und großflächige Verleimungen verwandeln das Holz in eine Mischung verschiedener Materialien und Stoffe, deren Wirkung auf den Menschen für den Normalverbraucher kaum mehr abzuschätzen ist.

Warum wird Holz bei der Verarbeitung oft geradezu „vergiftet"? Sind die Verantwortlichen ahnungslos, unschuldig oder handeln sie fahrlässig? Ist die Sache mit der Chemie im Holz überhaupt so schlimm?

Dazu ein Zitat aus den „Salzburger Nachrichten“ aus dem Jahr 1993:

*Holzschutzmittel: Zwei bedingte Haftstrafen*

*FRANKFURT/MAIN (SN,APA). Im Frankfurter Holzschutzmittelprozeß wurden beide Angeklagte am Dienstag zu je einem Jahr bedingt und Entschädigungszahlungen an mehrere Nebenkläger von zusammen umgerechnet 1,7 Mio. S verurteilt. Die Geschäftsführer der Firma XY., der 64jährige XY und der 62jährige XY wurden der fahrlässigen Körperverletzung in Tateinheit mit fahrlässiger Freisetzung von Giften schuldig erkannt. Sie hatten mit Giften versetzte Mittel noch verkauft, als deren Gefährlichkeit schon bekannt war.*

Lieber Leser, erlauben Sie mir, daß ich an dieser Stelle meine ganz persönlichen Beweggründe schildere, warum gerade das Thema Chemie und Leim im Holz für meine Familie plötzlich wichtig geworden war:

Nach sechs Jahren im alten Forsthaus in den Tiroler Bergen, das aus massivem, unbehandeltem Fichtenholz gebaut war, zogen wir mit unseren drei kleinen Kindern wieder zurück in die Heimat ins Salzburger Land. Das Haus, das uns damals aufnahm, war etwa 30 Jahre alt. Es war zu einer Zeit errichtet worden, in der Baubiologie noch ein Fremdwort war und niemand an gesundheitliche Schäden dachte, die von Baustoffen verursacht werden können.

Das Familienglück war perfekt, bis plötzlich zwei unserer Kinder erkrankten. Husten und Erstickungsanfälle ohne Fieber, später mit leichtem Fieber, asthmaähnliche Zustände, Angst vor dem Einschlafen, erbärmliche Hilferufe in der Nacht: „Mama, Papa, warum krieg ich keine Luft mehr?“

Der erste Arzt, den wir aufsuchten, hatte zwar keine Diagnose, dafür verschrieb er aber eine Penizillinkur.

Der nächste Arzt wußte ebenfalls keinen genauen Grund für diese dauerhafte Erkrankung. Er hätte aber zu Kortisonpräparaten geraten. Außerdem erklärte er in Anwesenheit der Kinder, daß sie ihr ganzes Leben lang einen Asthmaspray brauchen würden, den sie am besten ständig bei sich trügen.

Wir „brauchten" noch einen dritten Arzt, bis wir begriffen, daß in dieser Angelegenheit von solchen Medizinern keine Hilfe zu erwarten ist. Dieser dritte Arzt führte einen Allergietest durch. Den Arm unseres Buben in der Hand haltend, erklärte er: „Oje, der ist ja gegen alles allergisch!" Er zählte dabei eine Reihe von heimischen Bäumen und Gräsern auf. Dabei hatte ich als Förster den Buben im Vorschulalter jahrelang zu jeder Tages- und Jahreszeit, zu jeder Baum- und Grasblütezeit mit in den Wald genommen und nie eine Empfindlichkeit des Kindes festgestellt.

Der Hausverstand sagte uns, daß diese ärztlichen Diagnosen nicht stimmen konnten. Unsere Kinder wuchsen in den Tiroler Bergen mit Ziegen, Hühnern, Hunden und Katzen auf. Niemals war dabei irgend eine gesundheitliche Beeinträchtigung oder Allergie aufgetaucht. Gerade unser Bub steckte oft stundenlang mit dem Ziegenbock zusammen, aber außer dem „Ziegenbock-Aroma" bemerkten wir bei dieser Freundschaft niemals einen Nachteil für das Kind.

Die Beschwerden waren erst nach der Übersiedlung aufgetreten. Wir vermuteten also in dieser neuen Umwelt etwas, das die Lebensqualität der Kinder derart beeinträchtigte. Bei genauer Untersuchung der neuen Lebensumstände stießen wir bald auf unser Haus. Das Mauerwerk war nicht isoliert. Lungengängiger Staub und Mikrofasern von Mineralwolle oder Ausgasungen von geschäumten Kunststoffisolationen konnten also nicht die Ursachen sein.

Holzschutzmittel an Schalungen waren ebenfalls nicht vorhanden. Bei den Fußböden aber war die Situation bedenklicher. In sämtlichen Räumen lagen Holzspanplatten, auf denen verschiedene Teppichböden und Kunststoffbeläge aufgeklebt waren. Diese Spanplatten sind nichts anderes als Sägespäne, die mit Kunstharzleimen vermischt und zu Platten verpreßt werden.

Nach Erkennen dieser möglichen Gefahrenquelle für unsere Kinder begannen wir umgehend, die Platten herauszureißen und besannen uns auf unsere Kenntnisse über die Massivholzverarbeitung. Nach kurzer Zeit waren in den Wohn- und Schlafräumen die Plattenböden gegen massive, nicht verleimte und chemisch unbehandelte Dielenböden aus heimischen Eschen, Eichen, Fichten und Lärchen ausgetauscht.

Bald darauf waren unsere Kinder wieder gesund. Daß wir auch kein Möbelstück in unserer Wohnung duldeten, das aus ähnlichen Spanplatten gefertigt war wie der ursprüngliche Bodenbelag, können Sie sich sicher vorstellen. Kunstharzverleimte Hölzer und Kunstharzlacke sind aus unserer Wohnung völlig verschwunden.

Wie der Anfangs zitierte Vater eines behinderten Kindes haben auch wir keine wissenschaftlich abgesicherten Ursachen für die Krankheit unserer Kinder feststellen können. Das Wichtigste war für uns das Ergebnis: Wir konnten unseren Kindern die Gesundheit wiedergeben. Mit Grauen denken wir manchmal daran, welche Auswirkungen es gehabt hätte, wenn wir uns, entsprechend dem Rat des zweiten Arztes, auf ein Leben mit der Asthmasprayflasche eingestellt hätten und an unserem Haus nichts verändert worden wäre.

Gibt es Zufälle?

Gerade beim Schreiben dieser Zeilen kommt unser ältester Sohn nach Hause und erzählt voll Freude, daß er in der Schule beim Dauerlauf der Schnellste war. Gemeinsam erinnern wir uns daran, wie er vor mehreren Jahren krank im Bett lag und ich ihm erzählte, daß jede Krankheit ihren Grund habe und daß der Glaube Berge versetzen könne. Und wir erinnern uns daran, daß wir damals gemeinsam fest daran geglaubt haben, daß er eines Tages wird laufen und atmen können wie ein Reh im Wald.

Die Frage eines Kindes: „Mama, warum krieg ich keine Luft mehr?“ darf nicht ungehört verklingen. Wir wissen, daß unsere Chancen gut stehen, saubere Luft nicht nur für die Menschen, sondern auch für Tiere, Bäume und alle Lebewesen zu schaffen. Das ist aber nur möglich, wenn wir uns wieder der Natur zuwenden und manche Gewohnheiten und Ansprüche aufgeben. An einer kritischen Sortierung unserer Baustoffe wird kein Weg vorbeiführen. Komfortverlust oder Einschränkung der Lebensqualität brauchen Sie dabei aber nicht zu fürchten. Im Gegenteil: Mit natürlichen Baumaterialien leben Sie gesünder und fühlen sich wohler.

Durch die leidvolle Erfahrung mit unseren kranken Kindern und die gefundene Lösung konnten wir in den letzten Jahren vielen Menschen helfen, die unter Allergien litten und denen es ähnlich erging wie unseren Kindern.

Immer wieder lernen wir Familien kennen, die in irgend einer Form ähnliche Erfahrungen machen mußten wie wir. Gehen Sie in solchen Fällen am besten daran, mit synthetisch-chemischen Mitteln behandelte Möbel, Fußböden-, Wand- und Deckenbeläge durch natürliche Materialien zu ersetzen. Prüfen Sie auch, wenn Sie völlig gesund und beschwerdefrei sind, kritisch alle Materialien, die Sie zum Hausbau, zum Einrichten usw. verwenden.

Eine Hilfe dabei möge Ihnen die Checkliste im Serviceteil auf Seite 181 dieses Buches sein.

## Ein klares Ziel

Nicht vom Kopf allein, sondern auch vom Gefühl in Bauch und Herz wollten wir uns damals bei der Suche nach einer Antwort auf die Krankheit unserer Kinder leiten lassen. Nur mit unbehandeltem Massivholz sollten unsere Bau- und Wohnträume verwirklicht werden. Unsere Grundlagen zur Erfüllung dieser damals noch unüblichen Wünsche waren gut. Wir konnten auf unser eigenes kleines Sägewerk zurückgreifen, auf meine Erfahrungen als Förster bei der Suche nach ruhigem Geigen- und Bauholz und nicht zuletzt auf unseren bald neunzigjährigen Opa, der den reichen Erfahrungsschatz seines langen Zimmererlebens vor uns ausbreitete und immer ein offenes Ohr für uns hatte.

Die Aufgabenstellung war klar:

Es mußte gelingen, durch verschiedene natürliche Methoden, wie etwa der Holzernte zu bestimmten Zeitpunkten, der Baumauswahl, der richtigen Lagerung und Trocknung so ruhiges Massivholz für die Renovierung unseres Hauses zu bekommen, daß auf Schadstoffe freisetzende Leime, Lacke und Beschichtungen vollständig verzichtet werden konnte. Darüber hinaus sollte das Bauholz im Sinne von Opas Zimmerertradition, so verarbeitet werden, daß es auch ohne chemische Holzschutzmittel Jahrhunderte überdauern wird können.

Der umfassende Erfolg dieser Arbeit ist wohl dafür verantwortlich, daß Sie jetzt dieses Buch in Händen halten. Die Antworten, die wir uns nach und nach selbst geben konnten, waren einfach und genial zugleich:

Vom einfachen Dachstuhl bis hin zum kompletten Holzhaus, vom Solarwintergarten bis zum Massivholzbett, von der Holzterrasse bis zum Gartenzaun ist uns kein einziger Bereich bekannt, der den Einsatz von schädlichen Chemikalien rechtfertigt. Wir müssen unser Holz nur richtig verarbeiten!

Das Erfreuliche dabei: Es muß kein höherer Pflegeaufwand oder ein Komfortverlust in Kauf genommen werden.

Im „normalen" Wohnbau mit herkömmlichen Abmessungen und Raumgrößen können Sie sich jeden Wunsch, vom kleinen Möbelstück bis zum Holzhaus mit gutem Holz ohne den Einsatz bedenklicher, synthetisch-chemischer Mittel erfüllen.

## Was heißt Chemie im Holz?

In den letzten Jahrzehnten wurde der wunderbare Naturbaustoff Holz durch Verleimungen, Beschichtungen und Holzschutzmittel so weit in die synthetisch-chemische Richtung getrieben, daß ein großer Teil des „modern" verarbeiteten Holzes, egal ob Möbel, Bauholz oder Fußböden, nach Gebrauch als Sondermüll zu entsorgen ist. – Ein Weg in die Sackgasse!

Dieselben Stoffe, die Holz in einen Sondermüllcocktail verwandeln, sind es auch, die unsere Lebensqualität beeinträchtigen und letztlich Fragen wie die meiner Kinder hervorrufen: „Mama, warum krieg ich keine Luft mehr?"

Sehen wir uns chemische Mittel am und im Holz genauer an.

Die drei großen Anwendungsgebiete sind:

- Chemische Verbindungstechnik – Leime
- Oberflächenbehandlung – Beschichtungen, Farben
- Holzschutzmittel – Insektizide und Fungizide gegen Insekten und Pilze.

Wir erleben heute, wie einige Holzschutzmittel (etwa mit den Wirkstoffen PCP, Lindan) und Leiminhaltsstoffe (wie Formaldehyd) nach jahrzehntelangem, bedenkenlosem Einsatz und Beschwichtigungen durch die Hersteller von einer breiteren Öffentlichkeit als gefährlich erkannt und eingestuft werden. Diese Erkenntnis setzte aber erst ein, nachdem viele Menschen zum Teil fürchterliche Gesundheitsschäden erlitten hatten.

Beinahe unglaublich ist es daher, wie nach unendlich leidvollen Erfahrungen, die zu Erkenntnissen über die Gefährlichkeit von z. B. Formaldehyd geführt haben, jetzt der Teufel mit dem Beelzebub ausgetrieben wird: Formaldehydhaltige Leime wurden und werden durch Kunstharzleime mit dem höchst bedenklichen Inhaltsstoff Isocyanat ersetzt.

Geschickte Verkaufsstrategen bewerben Möbel, Böden, Paneele etc., die mit Leimen auf Isocyanatbasis hergestellt wurden, als formaldehydfrei und deshalb als gesund, natürlich und bio. Vom Wirkstoff Isocyanat in diesen Leimen wird aber nicht gesprochen.

Dazu ein Zitat aus einem persönlichen Gespräch mit dem Chemiker und Geschäftsführer eines bekannten Naturfarbenherstellers, Erwin Schusser:

„Vergleicht man die Giftigkeit von eingeatmeten Isocyanaten, dann sieht man, daß sie keineswegs ungefährlicher als Formaldehyd sind . . . !"

## ISOCYANATE

Eigenschaften: Isocyanate sind äußerst reaktionsfähige Chemikalien. Sie werden in großen Mengen bei der Herstellung von Polyurethanen verwendet.

Verwendung: Das Anwendungsgebiet der Polyurethane ist breit gefächert (Matratzen, Weichschaumstoffe, Dämmstoffe, Klebstoffe, Versiegelungslacke u.a.).

Wirkung: Die Toxizität von Polyurethanen rührt im wesentlichen von nicht umgesetzten Ausgangschemikalien, den Isocyanaten her. Diese werden ständig an die Umgebung abgegeben und üben auf die Schleimhäute (und hier besonders auf jene der Atmungsorgane) eine Reizwirkung aus.
Auch können Überempfindlichkeitsreaktionen (Husten, Atemnot, Asthmaanfälle) und Kopfschmerzen ausgelöst werden.

Toxikologische Bewertung: Isocyanate stellen hochreaktive Chemikalien dar, die mit Haut und Schleimhäuten chemisch reagieren. Sie sind noch giftiger als Formaldehyd. Das als Ersatzstoff in Spanplatten verwendete Diphenylmethandiisocyanat bildet Diaminodiphenylmethan, das unter akutem Krebsverdacht steht. Polyurethane werden im Brandfall zu tödlichen Fallen. Es entstehen giftige Gase, u.a. Cyanwasserstoff, also Blausäure (Adler/Mackwitz: ÖKO-Tricks und BIO-Schwindel; S 274).
Isocyanate zählen zu den besonders gefährlichen Stoffen. Auch kleine Konzentrationen von Dämpfen oder Stäuben[1] in der Raumluft können ernste Gesundheitsschäden verursachen: Sie reizen die Schleimhäute von Nase, Rachen und Lunge, führen zu Atemnot und Brustschmerzen. Bei längerer Einwirkung von Isocyanaten kann es zu Hustenanfällen und Bronchitis kommen. Isocyanate verursachen allergische Reaktionen, z. B. das Isocyanat-Asthma, eine allergische Lungenerkrankung (Katalyse Umweltgruppe: Das ökologische Heimwerkerbuch; Rohwohlt, S.152).

[1] Derartige Stäube können bereits durch Abrieb und „normale" Benutzung solcher Werkstoffe entstehen.

Sogar Stoffe, die unter Verdacht stehen, krebserregend zu sein (aromatische Amine), können in Isocyanat-Produkten enthalten sein und von ihnen abgegeben werden.

Selbst wenn es rasch gelingt, eine breite Öffentlichkeit auf das Problem Isocyanat als Ersatz für Formaldehyd in Leimen hinzuweisen und aufzuklären – verschwinden wird dieser Wirkstoff wohl erst dann, wenn sich die Fälle von Gesundheitsschäden durch Isocyanat häufen.

Bis dahin vergeht aber Zeit. In dieser Zeit wird an Ersatzstoffen gearbeitet. In den Labors der Erdöl- und Chlorchemie werden neue Stoffe mit Molekularstrukturen entstehen, die es in der Natur frei vorkommend nicht gibt.

Bis es sich dann herumgesprochen hat, daß der menschliche Organismus auch mit diesen neuen Molekülen Probleme hat und langfristige Schäden auftreten können, vergeht abermals Zeit. Ein unendlicher Teufelskreis?

Die Wunden, die unserer Umwelt bei der Produktion von solchen synthetischen Stoffe zugefügt werden, sind bei der Betrachtung dieses unseligen Kreises noch gar nicht berücksichtigt worden. Müll, der nicht mehr ohne Schäden in den Kreislauf der Natur eingefügt werden kann, kommt noch dazu.

Warum laufen wir in diese Sackgasse der Chlor- und Erdölchemie? Warum glauben wir, daß wir einfache Holzverarbeitungsaufgaben mit einer Zauberlehrlingsmentalität lösen müssen, deren Folgen unsere Gesundheit und Umwelt schädigen?

Wann begreifen wir, daß der Mensch über keine göttliche Allmacht und Allwissenheit verfügt und im Labor neugeschaffene Molekülstrukturen ungeahnte Probleme aufwerfen können?

Wenn Sie sich „Experimente“ mit Chemikalien im und am Holz ersparen möchten, sollten Sie sich eine gesunde Neugier beim Einkauf von Holzprodukten angewöhnen. Bevorzugen Sie Hersteller oder Händler, die bereit sind, für ihre Produkte alle Inhaltsstoffe und deren Ungefährlichkeit für Mensch und Umwelt schriftlich mitzuteilen.

Gerade bei Bauholz, Fußböden, Schalungen und Holz im Freien ist es einfach, unverleimtes und naturbelassenes Vollholz zu verwenden. Die Ungewißheit möglicher Gefahren durch Chemikalien im Holz braucht erst gar nicht in Kauf genommen zu werden.

## Die Kunst, natürliche Möbel zu bauen

Ein Manager, der in den sechziger und siebziger Jahren in seiner Fabrik begann, Möbel großindustriell vom Band laufen zu lassen, erzählte mir aus dieser Zeit:

*„Wir haben damals das Möbelstück vom Gebrauchs- zum Konsumgegenstand gemacht. Auf die in dieser Zeit neuen Spanplatten wurden mit unglaublicher Geschwindigkeit billige Kunststoffdekors aufgeleimt. Uns war bewußt, daß diese Möbel kaum eine Übersiedlung aushalten, aber die Leute kauften das Zeug wie verrückt und wir waren fasziniert von den Umsätzen in dreistelliger Millionenhöhe. Heute sitze ich als alter Mann vor Ihnen und begreife erst jetzt, was hier geschehen ist."*

Die Unterhaltung ging weiter. Wir haben noch darüber gesprochen, daß diese Möbel kaum unschädlich zu entsorgen sind und daß eigentlich niemand weiß, wieviele Menschen an diesen Möbeln erkrankt sind.

Auch die Entwicklung im Möbelbau ging weiter. Die oben angeführten Spanplatten, aus denen die beschriebenen Möbel gefertigt wurden, waren nichts anderes als ein gepreßtes und ausgehärtetes Gemisch von Sägespänen und Leim. Solche Platten finden sich heute überwiegend in billigen Möbeln.

Für höherwertige, teurere Möbel werden vielfach sogenannte Massivholzplatten verwendet.

Mehrschichtplatten sind aus drei, fünf oder mehr Holzschichten zusammengeleimt. Für die Deckschicht wird optisch einwandfreies Holz verwendet. Die darunterliegenden Schichten werden aus minderwertiger Ware geleimt.

Ein anderer Plattentyp wird aus Massivholzstäben hergestellt.

Beide Plattentypen sind gegenüber Spanplatten ein Fortschritt, weil die verarbeitete Leimmenge je Quadratmeter Platte stark gesunken ist.

Aber das Grundproblem bleibt aus baubiologischer Sicht dasselbe: Holz wird mit synthetischen Leimen vermischt. Wieder haben wir Stoffe im Holz, die in der Natur nicht frei vorkommen. Wieder müssen wir überlegen, ob hier nicht in einigen Jahren Erfahrungen und Berichte auftauchen, die diese Werkstoffe in Frage stellen.

Spanplatten

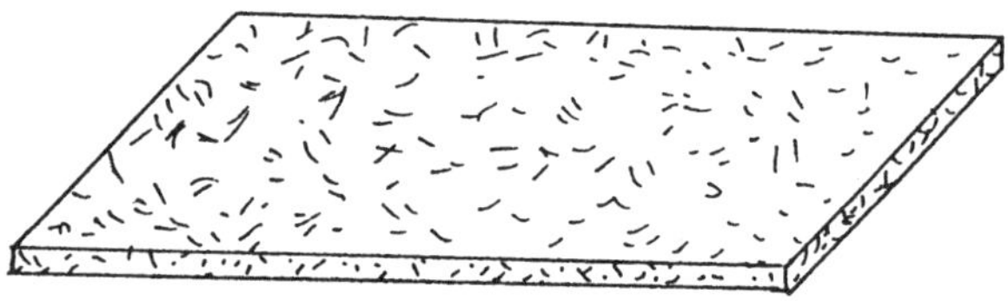

Schichtverleimte Platten

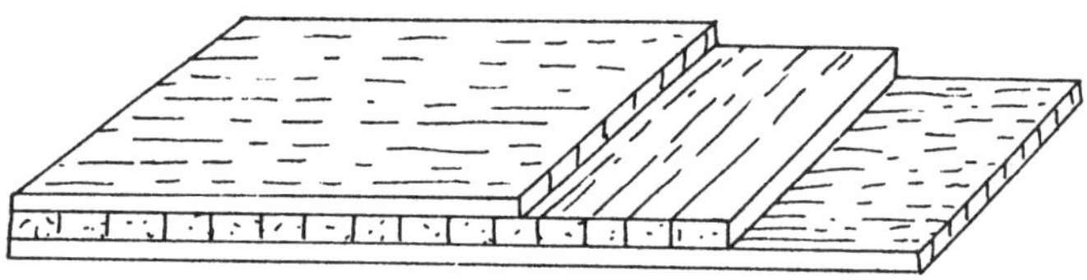

Stabverleimte Platten

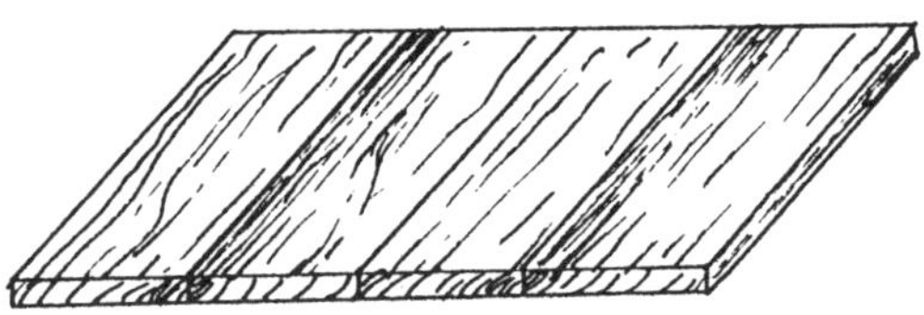

Auf der Suche nach Holzmöbeln ohne Beschichtungen und ohne schädliche Leime sind meine Familie und ich den kompromißlosen Weg gegangen: Wir suchten und fanden Tischlermeister, die uns Möbel aus unseren Hölzern vom richtigen Zeitpunkt anfertigten. Die meisten dieser Möbel sind wunderschöne, individuelle Lösungen geworden. Verzinkte Ecken, Gratleisten und Konstruktionen mit Holzrahmen und Füllungen ersetzten Platten und Verleimungen. An ganz wenigen Stellen dieser Möbel wurde zur Unterstützung der handgefertigten Holzverbindungen Caseinleim eingesetzt.[1)]

Von jedem Möbelstück kennen wir den Baum, den Wald und den Weg des Holzes, bis es schließlich als Tisch, Kasten oder Bett in unsere Wohnung gekommen ist. Die Erinnerung an die Landschaft, in der dieser Baum gewachsen ist, kam mit den Möbeln in unsere Wohnung und in unser Leben.

Ein Punkt, der bei der Individuallösung mit dem Tischler beachtet sein will: Handgefertigte Möbel sind Anschaffungen für Generationen. Die Form solcher Stücke soll nicht nur funktionell, sondern auch über eine kurzlebige Modewelle hinaus schön und ansprechend sein. Die Erfahrung zeigt aber, daß die besten Handwerker unter den Tischlern noch lange nicht die besten Designer sind. Hier ist die Hilfe eines guten Innenarchitekten oft sehr wertvoll.

Können diese gestalterischen Probleme gelöst werden, bleibt es dabei: Die gelungene und kunstvolle Arbeit eines guten Massivholztischlers bringt die baubiologisch kompromißlosesten und edelsten Möbelstücke hervor.

---

1) Caseinleim ist ein ungiftiges Milchprodukt und kompostierbar. Durch einige spezielle Eigenschaften, wie etwa der langen Abbindezeit und der kurzen Haltbarkeit im angerührten Zustand ist dieser Leim allerdings den handarbeitenden Handwerkern vorbehalten und in der Serienfertigung nicht einsetzbar.

Dennoch wissen wir, daß dieser kompromißlose Weg nicht für jeden gangbar ist. Eine traurige Erkenntnis für uns war etwa die Erfahrung, daß viele Tischler auf solche Wünsche nicht eingehen. Andere Wermutstropfen waren die oft langen Wartezeiten und der hohe Preis für solche Möbel. Diesen Preis empfanden wir angesichts der Handarbeit und der langen Lebensdauer der Möbel zwar als gerecht. Für eine junge Familie, die gerade einen Hausstand gegründet hat, kann er dennoch ein Problem sein.

Was soll nun jemand tun, der den kompromißlosen, teuren Weg nicht gehen kann oder will? Gibt es bei der Möbelanschaffung nur die Wahl zwischen billigen Wegwerfmöbeln und teuren Einzelanfertigungen? Nein!

Wir haben uns Serienfertigungen von Vollholzmöbeln angesehen und Beispiele gefunden, bei denen der finanzielle Aufwand im Verhältnis zur Einzelstückanfertigung geringer ist. Die Beurteilung von solchen seriengefertigten Vollholzmöbeln aus baubiologischer und ökologischer Sicht ist gut ausgefallen.

Der springende Punkt vorweg: Auch bei diesen Möbeln werden keine Spanplatten oder mit Kunstharzleimen verleimte Mehrschichtplatten verwendet. Soweit es die Serienfertigung zuläßt, werden unverleimte Holzelemente aus einem Stück verwendet. Wo das nicht möglich ist, werden stabverleimte Platten eingesetzt. Die Verleimung erfolgt mit Weißleim (siehe nächste Seite). Die Materialien, die zur Oberflächenbehandlung verwendet werden, sind baubiologisch empfehlenswerte Pflanzenöle und Wachse (mit genauer Deklaration aller Inhaltsstoffe).

Vorteile, die der Kunde bei seriengefertigten Massivholzmöbeln in Anspruch nehmen kann, sind: rasche Lieferung, fest kalkulierte Preise und einfache Abwicklung. Die Form von Möbeln ist zwar Geschmackssache. Dennoch erhält der Kunde bei hochwertigen Serienmöbeln im Regelfall auf einfachere Weise ein ausgereiftes Design, als das bei Einzelanfertigungen durch den Tischler möglich ist.

Im Serviceteil finden Sie Adressen, um für beide Varianten Informationen anzufordern. Sie können dann abwägen, welcher Weg für Sie der bessere ist.

Vermeiden Sie aber in jedem Fall den Fehler, Möbelstücke als kurzlebige Konsumgüter zu betrachten, die nach einigen Jahren auf der Müllhalde landen. Die Investition in ein handwerklich gefertigtes Massivholzmöbelstück, das generationenlang hält, ist auch eine Investition in die eigene Lebensqualität und in eine intakte Umwelt.

## „Entwicklungsetappe" Weißleim

Besorgte Kunden erhalten oft auf die Frage nach dem Leim die Antwort: „Unser Holz wird nur mit Weißleimen geleimt – Formaldehydausgasungen sind ausgeschlossen."

Dispersionsleime, die im allgemeinen Sprachgebrauch meist Weißleime genannt werden, bestehen aus Polyvinylacetat, das in Wasser fein verteilt ist. Dazu kommen verschiedene Zusätze, z. B. für schnelleres Aushärten (Expressleim) oder Wasserfestigkeit. Weißleime sind gegenüber Formaldehyd ausgasenden oder isocyanathältigen Kunstharzleimen hinsichtlich der Raumluftbelastung ein großer und begrüßenswerter Fortschritt.

Grundsätzlich muß jedoch gesagt werden, daß Weißleime und ihre Zusätze keine frei in der Natur vorkommenden Stoffe, sondern ein Produkt der synthetischen Chemie mit allen Nachteilen hinsichtlich Energieverbrauch und Ökologie sind. Die mehrfach angesprochene Problematik von „neuen" Molekularstrukturen, die uns nicht seit Jahrtausenden vertraut sind, gilt auch für Weißleime und die enthaltenen Zusatzstoffe.

Aus ökologischer und baubiologischer Sichtweise läßt sich zusammenfassen:

Weißleim belastet das Raumklima wesentlich weniger als Kunstharzleime. In der Regel sind keine unmittelbaren gesundheitlichen Risiken durch mit Weißleim behandelte Hölzer gegeben. Er kann meiner Meinung nach aber nicht als Ziel, sondern lediglich als Entwicklungsetappe auf dem Weg in die richtige Richtung betrachtet werden.

Entscheiden Sie sich im Zweifelsfall für Möbel, bei denen möglichst wenig Leim verwendet wurde.

## Eine offene Frage

Wenn wir einen Blick in die Handelsstatistiken werfen, so kann jedermann nachlesen, daß monatlich und jährlich viele Millionen Quadratmeter billige, formaldehydhältige Spanplatten aus den ehemaligen Ostblockländern in den Westen Europas importiert werden. Jeder Kenner der Holzindustrie weiß über die miserablen Umwelt- und Gesundheitsstandards in den ehemals kommunistischen Ländern Bescheid.

Ich frage mich, wo das große Loch in Österreich, Deutschland und anderen Staaten Westeuropas ist, in dem all diese Platten verschwinden. Bei den Verarbeitern und Händlern, die ihren Kunden die Auskunft geben, nur formaldehydfreie Platten aus heimischen Produktionen zu verarbeiten, können sie ja wohl nicht sein.

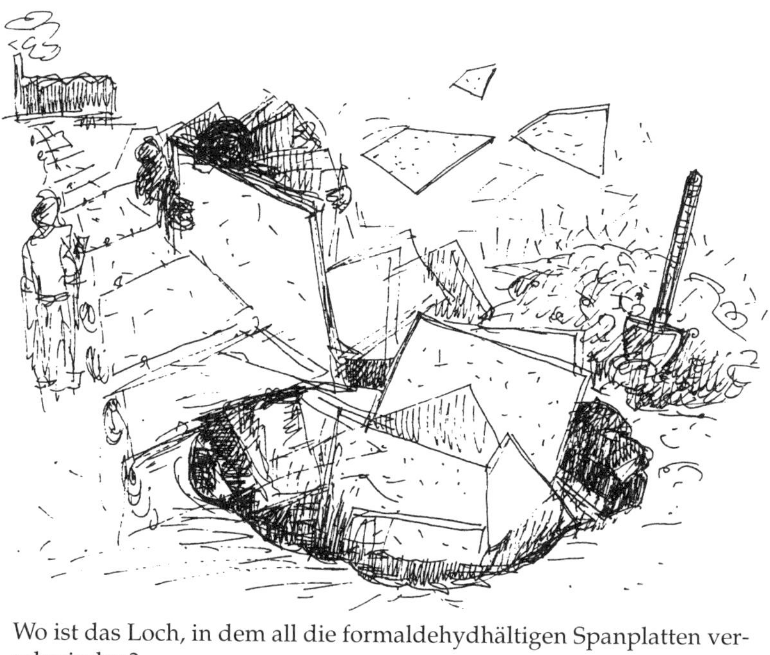

Wo ist das Loch, in dem all die formaldehydhältigen Spanplatten verschwinden?

## Holz im Freien

Mit insektiziden und fungiziden Wirkstoffen behandeltes Holz für Verwendungszwecke im Freien ist ein dramatisches Beispiel für falsch verstandenen „Schutz" dieses Baustoffes vor Insekten und Pilzen. Dramatisch deshalb, weil diese Hölzer häufig an besonders sensiblen Orten, wie Kinderspielplätzen oder als Beeteinfassung im Garten neben Radieschen und Salatköpfen verbaut werden.

Jeder kennt die Hölzer, von denen hier die Rede ist. Meist haben sie eine grünlich schimmernde Oberfläche, an der sich nach kurzer Zeit im Freien „Ausblühungen" des Imprägniermittels zeigen.

Es werden zwei Arten von Imprägnierungen verwendet.

1) Die selten verwendeten, baubiologisch unbedenklichen Borsalze.
   Nachteil: In der freien Witterung werden diese Salze relativ rasch ausgewaschen, der Schutz ist nur kurzzeitig gegeben. Diese Behandlung hat an frei bewittertem Holz daher wenig Sinn.
2) Synthetisch-chemische Insekten- und Pilzgifte, allein oder in Verbindung mit Salzen.
   Eine Variante, die unrichtigerweise immer wieder als harmlos dargestellt wird, ist die Behandlung mit Chromsalzen. Denn dreiwertiges Chrom steht im Verdacht, krebserregend zu sein.
   Nachteil synthetisch-chemischer Holzschutzmittel: Holz wird zu Sondermüll und gefährdet Mensch, Tier und Umwelt.

Das rief schon Reaktionen seitens verschiedener Kommunalverwaltungen hervor. Immer häufiger weigern sich Gemeinden, mit giftigen Schwermetallsalzen imprägnierte Hölzer auf Kinderspielplätzen einzusetzen. Grund: Die später zu erwartenden Entsorgungskosten der Hölzer seien zu hoch! Ich frage mich, warum nicht die Gesundheit der Kinder an erster Stelle dieser Argumentation steht?

Das Interessante an der Geschichte:

Unbehandeltes Holz langsam gewachsener Gebirgslärchen sowie Eichen- und Robinienholz hält in der freien Witterung genauso lang bzw. sogar wesentlich länger als mit chemischen Holzschutzmitteln imprägniertes Fichtenholz. Wir erreichen also dasselbe Ziel, ohne einen Tropfen Holzschutzmittel zu verwenden.

## Touristenzehen, Haie und Holzschutzmittel

Sollte der seltene Fall eintreten, daß in der Badesaison im Mittelmeer einem Badegast von einem Haifisch die Zehe abgebissen wird, wären die Boulevardzeitungen voll mit Berichten über diese „Sensation".

Überall würde in diesen Berichten zum x-ten Male über die Gefährlichkeit von Haifischen gesprochen werden. Diese Berichte würden eine große Zahl von Menschen instinktiv negativ berühren.

Warum? Wir Menschen haben gelernt, uns auf Gefahren einzustellen, die uns aus der ca. 20000 Generationen umfassenden Zeitspanne der menschlichen Geschichte bekannt sind. Von großen Tieren gefressen zu werden, ist eine dieser Gefahren, die uns immer bedrohten und auf die wir uns eingestellt haben. Schutzmechanismen davor sind uns angeboren, werden weitervererbt und unser Gefühlsleben und unsere Instinktreaktionen sind gegen Hai, Bär, Wolf & Co bestens gerüstet. Dementsprechend berührt uns der Haifischbericht von der Adria tief in unseren Gefühlsregungen und nicht nur im rein logischen Denken.

Aus der Verhaltensforschung wissen wir, daß es sehr lange dauert, bis Schutzreaktionen auf eine neu auftretende Gefahr in unsere Erbinformation gelangen. Einige wenige Generationen sind viel zu kurz dafür. Der Jäger und Sammler Mensch war Jahrtausende mit denselben Gefahren konfrontiert, auf die er nicht nur geistig-rational, sondern auch mit Instinkt und Gefühl vorbereitet sein mußte. Schnelle Veränderungen dieses Schutzmechanismus' hat die Natur nicht vorgesehen. Die Unfähigkeit, unser Instinkt- und Gefühlsverhalten in kurzer Zeit auf neue Gefahren einzustellen, ist durch die Schnelligkeit unserer Zeit ein gefährlicher Nachteil für die Menschheit geworden. Allein in diesem Jahrhundert sind wir mit einer Fülle von neuen Gefahren konfrontiert worden, die es zuvor in der ganzen Menschheitsgeschichte nicht gegeben hat. Die negativen Folgen der Atomphysik von Hiroshima bis Tschernobyl, der Chemieunfälle von Seveso und Bhopal bis zu den Holzschutzmittelprozessen in Deutschland und die unzähligen Toten und Verletzten im Straßenverkehr können wir zwar mit dem Werkzeug unseres rationalen Denkens verarbeiten. Unser Instinkt und triebgelenktes Verhalten aber können sich auf diese Gefahren nicht so schnell einstellen.

Verdorbenes Fleisch hat es immer schon gegeben. Gegen diese, uns seit tausenden Generationen bekannte Gefahr sind wir durch unsere Erbinformationen „geschützt". Eine natürliche Abscheu gegen unbekömmliche Lebensmittel ist uns angeboren und fest in uns verwurzelt. Kein Mensch kommt auf die Idee, stinkendes Fleisch zu essen. Ein Fleischhauer, der verdorbenes Fleisch verkauft, wird bestraft.

Holzschutzmittel aber, die unsere Gesundheit und Umwelt gefährden, finden Sie nach wie vor in den Verkaufsregalen der Baumärkte und im Handel. Ein angeborener Instinkt gegen diese neue Art von Gefahr fehlt uns (noch). Ein Konzern, der Gift in Form von Holzschutzmitteln verkaufte, konnte dies noch jahrelang tun, nachdem diese Mittel Krankheit und sogar den

# Tinnitus durch PCP

## Holzschutzmittel verursachen Gehörschäden

Daß Lärm schwerhörig macht, ist hinlänglich bekannt. Neu dagegen ist, daß auch Umweltgifte zu Schwierigkeiten mit dem Gehör führen können. In der „Zeitung für Umweltmedizin" berichtet Dr. Klaus-Michael Weber von der Klinik Waldeck über eine 45jährige Patientin, die nach einem Hörsturz über dauerhafte störende Geräusche in den Ohren — den sogenannten Tinnitus — klagte.

Auffallend war, daß mehrere Kollegen der Frau, die auf demselben Arbeitsplatz beschäftigt waren, ebenfalls über Hörsturz klagten.

Untersuchungen des Arbeitsplatzes haben bald des Rätsels Lösung aufgedeckt: In der Atemluft wurden hohe Konzentrationen von Pentachlorphenol (PCP) und Lindan gemessen, die aus behandelten Holzflächen am Arbeitsplatz ausgetreten waren. Auch im Plasma und im Urin der Beschäftigten wurden erhöhte Werte dieser Umweltgifte festgestellt. Dieser Befund lieferte die Erklärung auch für eine Reihe weiterer gesundheitlicher Beschwerden, über die die 45jährige Patientin geklagt hatte: Schwindelgefühl, Konzentrationsstörungen, Juckreiz am gesamten Körper, geschwollene Gesichtshaut und Menstruationsstörungen trotz normaler Hormonwerte.

„Bei der Patientin handelt es sich offenbar um eine Empfindlichkeit auf Chemikalien im Sinne einer MCS (Multiplen chemischen Sensitivität)", teilt Dr. Weber in der „Zeitung für Umweltmedizin" mit.

Der Kranken konnte durch eine intensive Behandlung geholfen werden: Mit hochdosierten Vitaminen, Trinkkuren und häufigen Saunabesuchen wurde die Ausscheidung der Schadstoffe beschleunigt. Nach einigen Wochen besserten sich die Beschwerden, der Tinnitus verschwand.

Trotz erfolgreicher Behandlung sollten Menschen, bei denen eine Empfindlichkeit auf Umweltschadstoffe festgestellt wurde, Chemikalien möglichst meiden. Dazu gehört:

o Verzicht auf Holzschutzmittel (eventuell Sanierung belasteter Wohn- und Arbeitsräume),
o häufiges Lüften (am besten Dau lüftung),
o Verzicht auf Pflanzen- oder I tenschutzmittel,
o Vorsicht bei Teppichböden tenschutz, Teppichkleber),
o Vorsicht bei neuen Kleidungsstü (Chemikalienrückstände!); Kleider und Wäsche vor dem ersten Tragen waschen,
o Verzicht auf chemische Reinigung,
o naturbelassene, unparfümierte Kosmetika und Hygieneartikel verwenden,
o vitaminreiche, ausgewogene Vollwerternährung,
o häufige Saunabesuche oder Schwitzkuren zur Unterstützung der Schadstoffausscheidung (vorher Arzt tragen).

Abbruch/Bauholz. Im
und darf nicht zu Hei

# Warnung vor verstrahltem Holz

Die Wirtschaftskammer Österreich wurde vom Bundesministerium für wirtschaftliche Angelegenheiten in Kenntnis gesetzt, daß strahlenbelastetes Holz in Umlauf gelangt sein könnte. Beim Bezug von Holz aus verdächtigen Landstrichen – dazu gehören vor allem Gebiete der ehemaligen Sowjetunion – besteht für den Inhaber solcher Waren eine außerordentliche Gefahr. So sind laut Wirtschaftsministerium Betriebsanlagen, in denen verstrahltes Holz aufgefunden wird, als eine Gefahr für Leben oder Gesundheit von Menschen anzusehen. Die Behörde hat daher gemäß § 360 Abs. 2 GewO 1973 die Betriebsanlage mittels Bescheid zu schließen, um weitere Gefährdungen auszuschließen.

...s Holz gilt in der Regel als gefährlicher Ab... verwendet werden.

## PCP-Vergiftung in den Schliesselbergergründen?

Mehrere Bewohner in den Schliesselbergergründen klagten gegenüber dem SF über Haarausfall, Kopfschmerzen, Übelkeit, Beklemmung und unreine Haut. Wir haben deshalb Blutproben einer Bewohnerin am Bundesinstitut für ökologische Chemieforschung und Strahlenkunde in Neuherberg bei München auf Pentachlorphenolvergiftung untersuchen lassen, starken PCP-Konzentrationen von Holzschutzmitteln ausgesetzt waren.

»Ein Wert dieser Größenordnung«, so Dr. Gebelügi, »verändert auf jeden Fall bereits die Leberenzyme und er kann in weiterer Folge zu Leberschädigungen führen. Bemerkbar machen sich diese Leberenzymveränderungen auch in einer Alkoholintoleranz, die Patienten vertragen Alkohol we-

## Pentachlorphenol im Blut einer Salzburgerin nachgewiesen

Freitag mittag lag der Befund vor: positiv! Die Frau hat dreißig Mikrogramm pro kg PCP im Blut, laut Dr. Istvan Gebelügi vom Bundesinstitut ein viel zu hoher und jedenfalls gesundheitsgefährdender Wert. Haarausfall, Beklemmungen und unreine Haut haben damit ihre Erklärung gefunden. Derart hohe Werte hat Dr. Gebelügi bisher nur bei Personen festgestellt, die in ihrem Wohnbereich sentlich schlechter als vorher.« Nachdem mehrere Bewohner in den Schliesselbergergründen über PCP-typische Krankheitssymbole klagen, liegt der Verdacht sehr nahe, das PCP-hältige Holzschutzmittel oder andere PCP-Stoffe zur Anwendung gelangt sind. Wir werden deshalb weitere Analysen vornehmen lassen und in der nächsten Ausgabe über die Ergebnisse berichten.

Tod von Kindern und Erwachsenen hervorgerufen hatten. (Siehe Holzschutzmittelprozeß in Deutschland, Seite 86).

Wir wissen, daß die Produktion, Verarbeitung und Entsorgung dieser Mittel unsere Umwelt schwer schädigt. In unserem Hirn haben wir diese Informationen verarbeitet und gespeichert.

Wir wissen, daß bei der Verbrennung von mit gifthaltigen Holzschutzmitteln behandelten Hölzern Dioxine und andere Schadstoffe frei werden. Wir kennen die Problematik der Verbrennung von kunstharzverleimten Hölzern. Dennoch werden täglich Unmengen von synthetisch-chemischen Leimen und Holzschutzmitteln hergestellt und verarbeitet.

Der Unterschied des Giftes „Holzschutzmittel" zum Gift „Stinkendes Fleisch" liegt darin, daß wir das „moderne" chemische Gift erst seit wenigen Generationen kennen. Unser Hirn versteht „moderne, chemische Gifte". Bauch, Herz und Gefühl hatten aber noch nicht genug Zeit, sich darauf einzustellen. Der Schutzmechanismus der angeborenen Abscheu gegen moderne, vielfach geruchslose, chemische Gifte fehlt uns noch. Unsere Erbinformationen sorgen dafür, daß uns Hai, Wolf, Bär & Co den Schauer über den Rücken jagen. Diese Gefahren kennt der Mensch schon zu lange, als daß sie uns kalt lassen könnten. Von den neuen Gefahren synthetisch-chemischer Holzschutzmittel, Farben und Leime bleiben unsere Instinkte noch unbeeindruckt. Es gibt keine jahrtausendealte Erfahrung mit diesen Gefahren.

Das mag eine Erklärung dafür sein, daß synthetisch-chemische Stoffe immer noch in der Holzverarbeitung eingesetzt werden. Dabei wären chemische Holzschutzmittel und großflächige Verleimungen im Wohnbau gar nicht nötig. Bei keinem jahrhundertealten Holzbau wurden chemische Mittel zum Bau oder zur Erhaltung eingesetzt. Wie einfach, zeitlos und schön sind dabei diese Bauten und Großvaters Art der Massivholztischlerei. Diesen Vergleich können die Oberflächenbeschichtungen der modernen Erdölchemie und Spanplattenmöbel nicht bestehen.

Von der Ansicht, daß die jahrhundertelang bewährte Holzverarbeitung heute nicht mehr möglich sei, wird Sie niemand überzeugen, wenn Sie dieses Buch gelesen haben.

Der Haifisch macht uns mehr Angst als eine Flasche Holzschutzmittel. Aber was ist für den Menschen gefährlicher?

## Fünftes Kapitel

# Ein Ausflug in die Welt des gesunden Bauens und Wohnens

In diesem Kapitel lesen Sie,

... warum ein Bauplatz in einem kleinen Holzwürfel Platz findet;

... wie man mit nur zwei Metern Brennholz einen ganzen Winter lang ein Haus heizen kann;

... daß ökologisches Bauen mit Holz auch für Normalverdiener erschwinglich ist;

... warum man selbst im Badezimmer Holzböden verlegen kann;

... über das Geheimnis der ewig staubigen Stiege

... und erfahren, warum Flachs als Dämmstoff so gut zum Holz paßt.

„Ich ziehe doch nicht in einen Klotz aus Glas, Stein oder Beton." Mit diesen Worten hat sich Albert Einstein 1929 für ein Holzhaus entschieden, das heute noch in Caputh bei Berlin steht.

## Der Baugrund im Holzwürfel

Als Gymnasiumsbub war ich, wie viele meiner Mitschüler, fest davon überzeugt, daß die größte Kunst des erfolgreichen Schulbesuchs darin besteht, bei der Prüfung das verlangte Mindestmaß des Lehrstoffes zu beherrschen. Nach der Prüfung oder Schularbeit wurde dieser „abgeprüfte" Stoff so schnell wie möglich wieder vergessen, damit das pubertäre Geistes- und Seelenleben umgehend wieder mit anderen Dingen beschäftigt werden konnte.

Daß es trotz dieser Einstellung zum Lernen einigen Lehrern gelungen ist, mir Dinge zu vermitteln, die ich bis heute fest im Kopf behalten habe, spricht für die pädagogische Kunst dieser Lehrer – und für die Faszination und den Inhalt mancher Themen. Bis heute kann ich mich daran erinnern, wie unsere Naturgeschichtsprofessorin das Wunder der menschlichen Atmung erklärte: Das Röhrchen- und Bläschensystem unserer Lunge auf eine Fläche ausgebreitet, ergibt eine hauchdünne Hautschicht mit fußballfeldgroßer Ausdehnung. Auf der einen Seite dieser durchlässigen Schicht strömt unser Blut, das sauerstoffarm von den Muskeln zurückkommt. Auf der anderen Seite strömt die eingeatmete Luft. Durch die riesige Fläche kann das Blut die benötigte Sauerstoffmenge von der anderen Seite aufnehmen.

Genauso einfach ist es zu erklären, warum Holz als Baustoff so hervorragende Eigenschaften für gesundes und behagliches Wohnen aufweist:

Ähnlich der menschlichen Lunge ist Holz aus einem unglaublich feinen Zellsystem mit dünnen Wänden und Zellhohlräumen aufgebaut. Die Zellwände selbst sind wiederum von einem noch viel feineren System von Poren und Röhrchen durchzogen. Das Ergebnis dieser Feingliedrigkeit ist dasselbe wie bei unserer Lunge: Holz hat eine unglaublich große „innere Oberfläche".

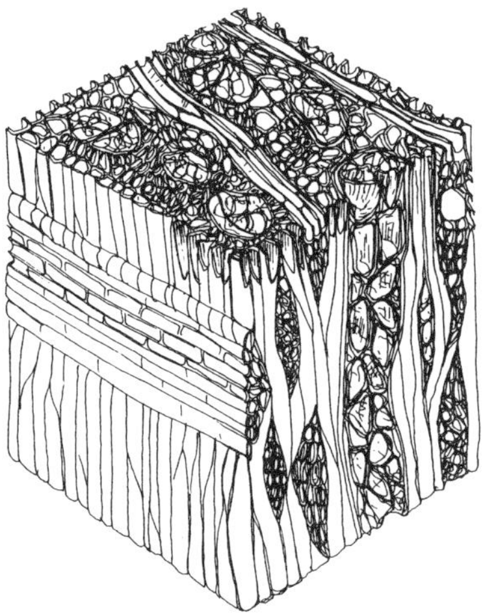

Die „innere" Oberfläche des Holzes.

Ein Kubikzentimeter Zellulose (das ist der prozentmäßig wichtigste Baustoff der Holzsubstanz) hat die unvorstellbare „innere Oberfläche" von ca. sechs Millionen Quadratzentimetern. Ein Mensch-ärgere-Dich-nicht-Würfel voll Zellulose beinhaltet demnach eine Fläche, auf der man ein Einfamilienhaus mit Garten unterbringen könnte (600 Quadratmeter). Durch diese feine Struktur finden wir im Baustoff Holz das Prinzip von Luftfiltern und die Wirkung eines Schwammes, bei dem die vielen Poren und Hohlräume einen Feuchtigkeitsspeicher darstellen. Es nimmt Luftfeuchtigkeit auf, speichert Wasser und gibt es wieder ab. Weiters ist Holz in der Lage, Schad- und Geruchsstoffe aus der Luft aufzunehmen, zu filtern und elektrische Ladungen der Raumluft zu vermindern. Und es tritt mit uns über unseren Geruchs-, Tast-, Geschmacks- und Sehsinn in vielfältigen Kontakt und gibt uns auf subtile Art und Weise Werte wie Wohnqualität, Orientierung, Vertrauen, Sicherheit, Ruhe, Kraft und Geborgenheit.

Warum empfinden wir die Atmosphäre und das Raumklima in alten Almhütten oder in alten Häusern, in welchen viel Holz verbaut wurde, als besonders angenehm, behaglich und wohltuend, während sich beim Betreten einer gerade fertiggestellten Neubauwohnung oft im Sinn des Wortes die Nackenhaare aufstellen?

Dies, obwohl in solchen Neubauwohnungen mitunter auch einiges an Holz zu finden ist, z. B. versiegelte, schichtverleimte Parkettböden, lackierte Wand- und Deckenpaneele.

Die klassische baubiologische Forderung, daß sich unsere Wohnungen und Häuser zu uns Menschen wie eine dritte Haut verhalten sollen, wird vom Baustoff Holz auf geniale und wunderbare Weise erfüllt.

Eines sollen wir dabei aber beachten: Eine Haut, die atmen und leben soll, darf nicht mit luftundurchlässigen Lacken und Leimen verstopft und „abgesperrt" werden. Sonst geht es dem Holz ähnlich wie der Lunge eines starken Rauchers: Lackiertes Holz atmet genauso wenig wie eine geteerte Lunge!

Im Serviceteil finden sie Informationen, wie Sie auf natürliche Weise schöne und pflegeleichte Holzoberflächen bekommen und dem Holz dabei seine Lebendigkeit und Atmungsfähigkeit erhalten. An zahlreichen Beispielen im Buch können Sie sehen, daß natürliche Oberflächen auch in modernen Wohnungen zu verwirklichen sind. Der Pflege- und Reinigungsaufwand ist mit herkömmlich behandelten Oberflächen durchaus vergleichbar.

### Der atmende Schadstoffilter[1)]

Das bildliche Wort „atmen" ist ein guter Vergleich, wenn wir Holz als unsere dritte Haut in der Wohnung betrachten. Die große innere Oberfläche und feine Struktur bewirkt nicht nur die Aufnahme- und Speicherfähigkeit von Wasser, sondern auch eine erstaunliche Beziehung zu anderen in der Luft vorhandenen Gasen, dampfförmigen Stoffen, Substanzen und Gerüchen. So konnte in einem Versuch von 0,4 $m^2$ Holzschalungsfläche je $m^3$ Rauminhalt innerhalb von 3 Std. ein Formaldehydgehalt der Luft von 1,2 ppm (entspricht dem Rauch von 25 Zigaretten, wenn keine Lüftung erfolgt) auf 0,1 ppm abgebaut werden (= Reduzierung auf 1/12 der ursprünglichen Konzentration!).

Ähnlich wie bei Feuchtigkeit hat unbehandeltes Holz durch seine Atmung auch bei gasförmigen Stoffen die Eigenschaft, Konzentrationspitzen zu brechen und auszugleichen und dadurch näher dem Bereich zu halten, den wir als behaglich, angenehm und gesund empfinden.

Die Teilnahme des Holzes am Gasaustausch in Ihrem Wohnraum ist aber wie das Feuchtigkeitsaufnahmevermögen davon abhängig, daß die Oberfläche nicht mit Farben/Lacken verschlossen (versiegelt) wird und keine bzw. möglichst wenig Sperrschichten in Form von Verleimungen vorhanden sind.

---

1) Zitiert nach: Bernhard Leiße: Holz natürlich behandeln, Heidelberg 1994

## Monika, Andreas und der kleine Daniel

In der Mitte der achtziger Jahre begann in Deutschland und Österreich der erste nennenswerte Aufschwung der Solarbewegung. Vorträge, Literatur, Selbstbaugruppen, Einkaufsgemeinschaften und da und dort Förderungen seitens der öffentlichen Stellen waren immer häufiger zu finden. In Gärten und auf Hausdächern wurden die ersten Sonnenkollektoren, je nach Anschauung des Beobachters, bewundert oder belacht.

Vom Solarkraftgedanken begeistert, errichtete ich mit meiner Familie einige zum Teil selbstgebaute Sonnenkollektoren[1] im Garten. Seither genießen wir beim Duschen und Baden das herrliche Gefühl, daß dieses Wasser durch die Sonne gewärmt wurde. Seit Inbetriebnahme unserer Solaranlage beobachten unsere Kinder immer wieder mit Begeisterung, wie schnell der Zeiger der Temperaturanzeige am Wasserspeicher an sonnigen Tagen nach oben klettert. Sechs Jahre sind nun vergangen, und die Anlage läuft noch immer wartungsfrei wie am ersten Tag.

Noch besser als uns die Nutzung der Sonnenenergie im nachträglichen Einbau gelungen war, konnte das eine junge Familie einige Jahre später beim Neubau ihres eigenen Wohnhauses umsetzen. Am besten kann man dort Energie sparen, wo am meisten verbraucht wird: 90 bis 95 % des Energieaufwandes eines durchschnittlichen Haushalts im Bundesland Salzburg werden für Heizung und Warmwasserbereitung verbraucht. Mit diesem Wissen bauten sich Monika, Andreas und der kleine Daniel ein bemerkenswertes Haus. Mit nur einem Zehntel des normalen, jährlichen Energieverbrauchs erfüllen sich die drei nun ihren Wohntraum mit bestem Komfort. Dieses Niedrigenergiehaus wurde 1993 im inneralpinen Salzachtal errichtet. Die junge Familie heizt das geräumige Einfamilienhaus statt mit sonst üblichen zehn bis zwanzig Metern

---

[1] Österreich ist das Pionierland der Solaranlagen: Bereits 1994 waren mehr als eine Million Quadratmeter Kollektorfläche installiert.

mit ein bis zwei Metern Brennholz den ganzen langen und rauhen Bergwinter hindurch behaglich warm und bereitet auch noch das Warmwasser damit.

Die meiste Wärmeenergie kommt aber nicht von dem Häuflein Holz, sondern von den Sonnenkollektoren am Dach und vom geräumigen Wintergarten, der sich über die ganze Südseite des Hauses erstreckt. Die Mehrkosten für die bessere Isolation und die Solartechnik konnten durch das Weglassen der in dieser Gegend üblichen Erker- und Balkonbauten wieder ausgeglichen werden. Die ideale Ausrichtung des Hauses zur Sonne hin kostete keinen zusätzlichen Groschen. Ebenso nur den persönlichen Arbeitsaufwand des Zusammentragens erforderten die Bachsteine, die in einem Kellerraum als Wärmespeicher dienen. Die heiße Kollektorluft erwärmt an sonnigen Tagen den Steinspeicher, damit bei Bewölkung und Schlechtwetter warme Luft in das Hypokaustensytem des Hauses geblasen werden kann.

Das einfache Rezept, mit dem Monika, Andreas und der kleine Daniel ihren persönlichen Energiebedarf in die großen Kreisläufe der Natur einbezogen, lautet: Isolation + Sonnenkollektoren + naturbelassenes Holz + Wintergarten ersetzen Erker, Balkon, Leime und Holzschutzmittel in Böden und Bauholz.

Das Ergebnis läßt sich sehen: persönliche Lebensfreude mit Natur und Sonne – verschwindend wenig Abgase aus dem Hausbrand (nur mehr ein bis zwei Meter trockenes Holz) – annähernd gleiche Kosten wie bei einem traditionellen Bau.

Bei meinem Besuch an einem kalten, sonnigen Jännertag steigt Rauch aus den umliegenden Häusern der Siedlung. Ich rieche Kohle- und Ölabgase. Nur aus dem Kamin des Niedrigenergiehauses steigt kein Rauch. Monika sitzt mit ihrem Daniel und dem Kater im Wintergarten. Andreas werkt im wohlig warmen Büro. Die Sonne scheint kostenlos . . .

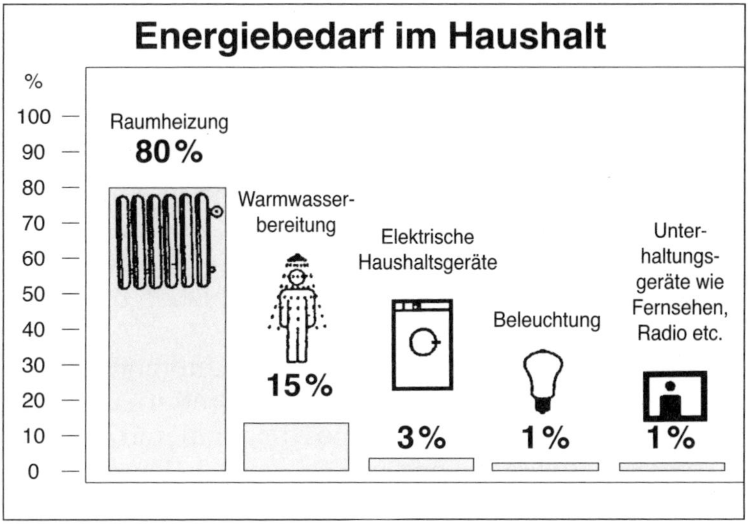


Grafik zur Verfügung gestellt von: Energie und Umweltberatung der Salzburger Landesregierung.

## Holz 100 - die Lösung beim Hausbau

Eines muß ich gestehen. Trotz des guten Holzes vom richtigen Zeitpunkt ist es uns mit Blockhäusern und später mit leichten Holzskelettbauten nicht gelungen, in allen wichtigen Baudisziplinen Bestwerte zu erreichen. Ein wirklich gutes Haus soll nicht nur gemütlich, natürlich und gesund sein, sondern auch punkto Wärmedämmung, Brandsicherheit, Schalldämmung, Klimatisierung/Auskühldauer und Strahlenabschirmung Werte bieten, von denen man bisher nur träumen konnte. Tatsächlich liegen im Naturbaustoff Holz unglaubliche Qualitäten verborgen, die wir erst zu einem ganz geringen Teil nutzen. Die Umsetzung des Traumes, mit Holz die besten Häuser der Welt zu bauen, ist mit der Entwicklung des Massivholzbausystemes Holz100 gelungen.

Alte Holzbautradition konnten wir auf wissenschaftlich höchstem Niveau zur gesunden „high tech" Innovation im Holzbau weiterentwickeln.

Der Name kommt von 100 Prozent Holz – sonst nichts.

Bei einem Holz100-Haus werden Wände, Decken und Dach aus massiven, vorgefertigten Vollholzelementen in kurzer Zeit zusammengebaut. In diesen Elementen gibt es nur pures Holz und keine Leimschichten, Nägel oder ähnliches. Beim Bau mit derartigen massiven Holz100-Elementen bringt das Naturmaterial Holz technische Bestleistungen, die bisher nicht für möglich gehalten wurden.

Zuerst aber zur Kraft, die dieses Phänomen ermöglicht: Holz100-Elemente bestehen aus Brettern und Pfosten, die Stück an Stück, liegend, diagonal und stehend zu einem Bauelement geschichtet werden. Die Frage ist nur, wie soll so ein Stapel zusammengehalten werden, daß er ohne Kunstharzleime ein festes, formstabiles Bauelement bildet, das für bis zu zehngeschoßige (!) Häuser verläßlich verwendet werden kann? Die Lösung liegt im Holz selbst.

Als junger Mann habe ich die Ausbildung zum Sprengmeister absolviert. Damals beeindruckte mich der Sprengstoff. Eine Donaritstange in meiner Hand ließ mich erschaudern, wenn ich an die gewaltige Explosionskraft dachte, die hier verborgen liegt. Ich wußte zu diesem Zeitpunkt noch nicht, daß ein gleich großer Holzdübel auch in der Lage ist, mächtige Felsen zu sprengen. Bereits in der Antike und im alten Ägypten wurden die größten Steinblöcke durch die Kraft von quellendem Holz gesprengt und gespalten. Mangels Sprengstoff und Maschinen verwendeten die Menschen damals staubtrockene Holzdübel, die sie paßgenau in Löcher und Ritzen des Felsens hineintrieben. Danach mußte nur noch Wasser auf das Holz geträufelt werden. Trockenes Holz, das Wasser aufnimmt, quillt auf. Dieses Quellen ist eine unwiderstehlich starke Kraft, die sogar mächtige Granitblöcke spalten kann. Es ist eine der mächtigsten Naturkräfte. Diese Kraft wird für Holz100-Elemente genutzt. In die aus einzelnen Pfosten lose zusammengelegten Elemente werden durchgehende Löcher gebohrt und ausreichend viele, staubtrockene, ofengetrocknete Hartholzdübel getrieben. Eine Holzwand beinhaltet immer, auch im trockensten Klima, ein bißchen Wasser (von mindestens ca. 6 % – 15 % relative Holzfeuchte). Dieses Wasser der umgebenden Hölzer genügt für den Dübel, um zu quellen und unlösbar in seine Umgebung „hineinzuwachsen“. Nachdem es in einem Wohnhaus nirgendwo auf der Welt wieder so trocken sein kann wie im Dörrofen, kann sich diese Verbindung nie wieder lösen.

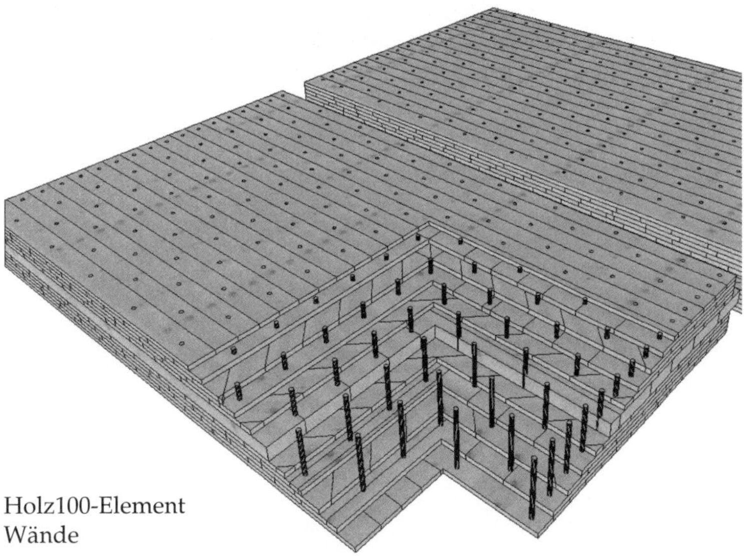

Holz100-Element
Wände

Durch die kreuz und quer angeordneten Lagen bewegt sich das Element praktisch nicht mehr. Auf diese bewegungsfreien Holz100-Wände kann beliebig verputzt oder verfliest werden. Es gibt keine Bewegungen und keine Sprünge durch Holz, das sich verzieht.

Die international beachteten Vorteile dieser neuen leimfreien Massivholzbauweise liegen aber vor allem in folgenden Bereichen:

- Brandsicherheit
- Wärme- und Schalldämmung
- Klimatisierung/Auskühldauer
- Strahlenabschirmung und Erdbebensicherheit

Um den Rahmen dieses Buches nicht zu sprengen, sind hier nur kurze, auch für Laien verständliche Beschreibungen angeführt. Die dazugehörenden wissenschaftlichen Publikationen können im Forschungszentrum der Fa. Thoma angefordert werden. Dort wurden die Holz100-Patente entwickelt. Wissenschaftliche Prüfungen und bautechnische Zertifizierungen wurden an verschiedenen Universitäten und Instituten in Österreich, Deutschland, Schweden, Norwegen, Japan und USA durchgeführt.

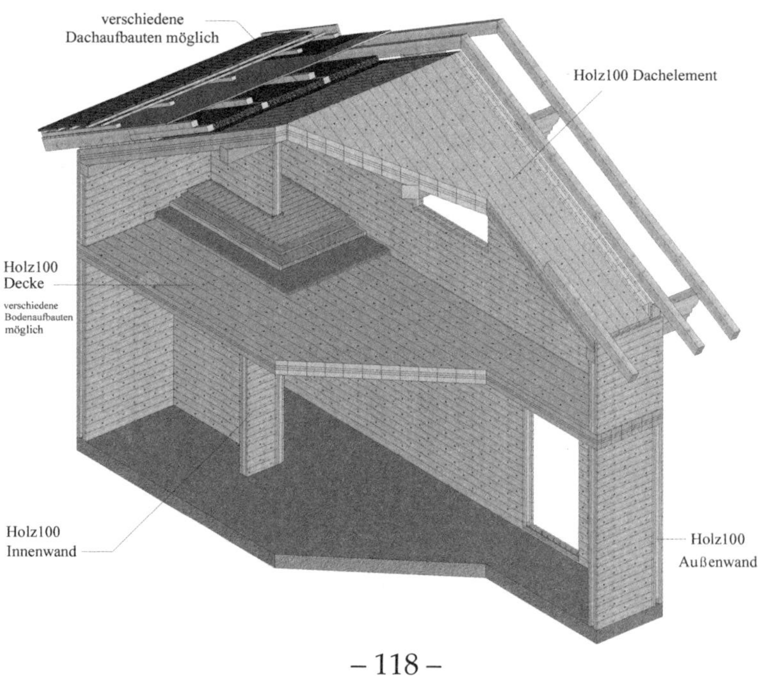

### 1) Brandsicherheit

Stand der Technik im hochwertigen Holzblockbau und Holzskelettbau ist bei normal gebauten Wänden, Decken und Dächern maximal F30. Das heißt, der Bauteil hält 30 Minuten lang einer Beflammung mit der genormten Flamme mit ca. 1000° Celsius stand. Holz100-Elemente erreichten Spitzenwerte bis zu F180! Das ist die sechsfache Sicherheit, und im Bereich der Decken sogar mehr, als übliche Stahlbeton- oder Ziegeldecken bieten.

Das Prinzip: Holz brennt zwar gut, wenn es dünn und von Luft umspült ist, ein dicker Klotz brennt aber fast gar nicht mehr, er verkohlt nur ganz, ganz langsam (ca. 0,5 – 0,7 mm pro Minute). Im Holz100-Haus ist jede Wand, jede Decke und das Dach ein dicker feuerbeständiger Klotz.

Außerdem: Beim Beflammen von Betonwänden konnten wir an einigen Stellen nach 30 Minuten an der unbeflammten Kaltseite bereits +400° Celsius messen. Dies deshalb, weil die Stahlarmierung im Beton glühend heiß wurde und Stahl die Hitze ganz schnell durch den Beton leitet.

Bei allen Holz100-Brandversuchen war die „heißeste" Stelle an der Kaltseite nach 90 Minuten – der dreifachen Zeit – lediglich um maximal +1,8° Celsius wärmer. Holz ist ein Hitzeschild, dessen Inneres auch nach stundenlanger äußerer Beflammung von der Hitze völlig unbeeindruckt bleibt. Dies ist für die Sicherheit vor allem in großen Bauten von enormer Wichtigkeit. Viele Brände breiten sich durch die Hitze schneller aus als durch die Flammen. Obwohl es unglaublich klingt, ist hier Massivholz sicherer als Beton.

### 2) Wärmedämmung

Im Inneren eines Holz100-Elements sind sägerauhe Lagen aufeinander gepreßt. Hier befinden sich zwischen den Brettern mikroskopisch dünne Luftschich-

ten, die nicht zirkulieren. Das ergibt einen hervorragenden Dämmeffekt zusätzlich zur Dämmqualität des Holzes. Nachdem wir das erkannten, wurde der Effekt durch das Einfräsen feiner Rillen in die Holzoberfläche noch verstärkt.

Das Ergebnis: Weltrekord in Wärmedämmung!

Holz100 ist unter allen statisch belastbaren und tragenden Baustoffen das Material mit der besten Wärmedämmung.

Zur Anschauung: Um einen Wärmedämmwert (U-Wert) 0,3 Wm²K zu erreichen, der in Europa derzeit im Mittel angestrebt wird, müßte ein Bauherr, der seine Wand ohne Dämmstoff bauen will, folgende Wandstärke bauen:

| | |
|---|---|
| Stahlbeton | 726 cm |
| Herkömmliche Ziegel | 60 cm |
| Normales Holz oder verleimtes Holz | 47 cm |
| Holz100 | 27 cm |

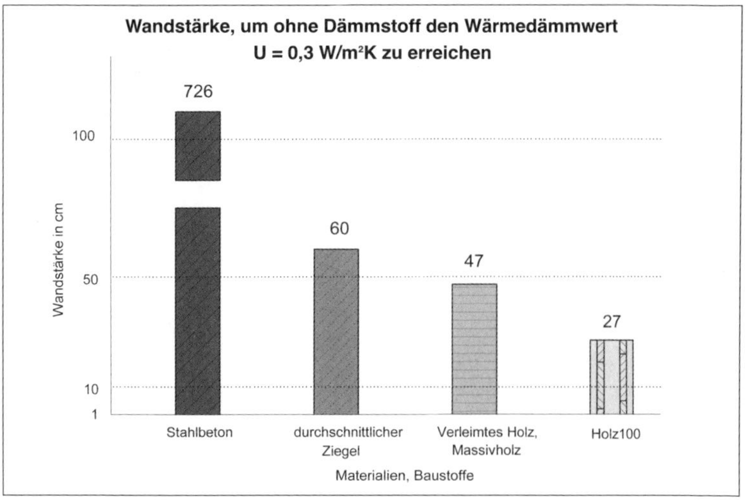

### 3) Klimatisierung und Auskühldauer

Ob ein Haus im Sommer brütend heiß wird oder ob die Räume im Winter nach dem Ausschalten der Heizung sofort abkühlen, hängt zwar von der Wärmedämmung ab. Noch mehr Einfluß auf diese Eigenschaften hat aber die Auskühldauer von Baustoffen, die wir an der Technischen Universität Graz untersucht haben. Der Versuch war einfach. Drei Bausysteme – eine Holzskelettwand, eine Ziegelwand und eine Holz100-Wand wurden auf den gleichen Wärmedämmfaktor außen mit Dämmstoff aufgerüstet und verkleidet.

Nun wurde jede Wand durchgehend auf 21° Celsius temperiert und in diesem Zustand im Labor der Winter simuliert.

Außen wurde die Temperatur auf –10° Celsius abgesenkt und innen die Heizung abgeschaltet, als wären die Bewohner an einem Wintertag verreist. In diesem Zustand warteten wir dann, wie lange es dauern wird, bis der 0-Grad-Punkt von außen nach innen durch die Wand kriecht und die Innenwandoberfläche auf die Temperatur 0° Celsius absinkt.

Die Ergebnisse der Auskühlung der drei Wände mit annähernd gleichem U-Wert (=Wärmedämmfaktor):

| | |
|---|---|
| Fertigteilwand/Holzskelett mit Dämmstoff und Platten | nach 41 Std. |
| Ziegelwand mit Styropor gedämmt | nach 259 Std. |
| Holz100-Wand mit Flachsdämmung | nach 777 Std. |

Der Baustoff Holz zeigt auch bei der Klimatisierung eines Hauses seine Meisterschaft. Nicht nur im Winter als Wärmespeicher, sondern auch im Sommer als Hitzeschutz, ist das thermisch träge Massivholz anderen Materialien weit überlegen. Das hat auch dazu geführt, daß wir gerade in warmen Gebieten die Dächer immer

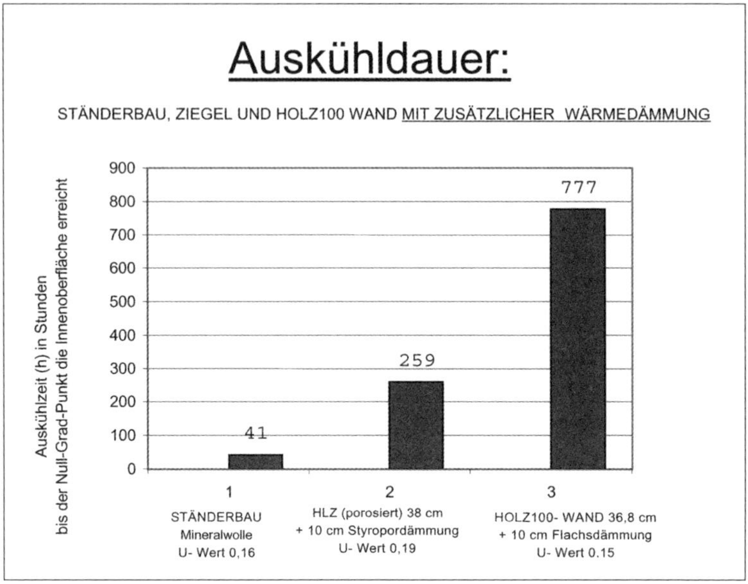


häufiger aus massiven Holz100-Platten bauen. Ein Dachstuhl aus Kanthölzern, Dämmstoff, Folien und Platten wirkt im Gegensatz dazu wie eine Skelettwand. Der Raum darunter wird in hochsommerlichen Nächten schwül und heiß, sodaß an einen ruhigen Schlaf nicht mehr zu denken ist. Hier fällt mir wieder der Satz von Rudolf Steiner ein: „Wohnqualität kann nur durch Masse erzeugt werden.“ Ich würde dem hinzufügen: „Wohnqualität kann am besten durch Holzmasse erzeugt werden!“

### 4) Hochfrequenzstrahlenabschirmung

Bei einem der ersten Holz100-Häuser, die wir bauten, ist mir aufgefallen, daß im Inneren des neu errichteten Rohbaus das Mobiltelefon nur mehr ganz schwachen Empfang hatte. Daraufhin wurde die Universität der Bundeswehr in München (Militäruniversität) unser wissenschaftlicher Forschungspartner. In über 700 Labortests wurden praktisch alle namhaften marktgängigen Bausysteme auf deren Abschirmung gegen Hochfrequenzstrahlen geprüft. Die Ergebnisse überraschten selbst die „strahlenerfahrenen“ Techniker der deutschen Bundeswehr.

Der Naturbaustoff Holz in massiver Holz100-Ausführung erzielte Bestwerte. Holz100 schirmt hochfrequente Mobiltelefonstrahlen wesentlich besser ab als Stahlbeton, als Ziegel oder als herkömmliche Fertighaussysteme im Skelettbau. Die gesamte wissenschaftliche Publikation zu diesem Thema kann im Forschungszentrum der Fa. Thoma eingesehen werden.

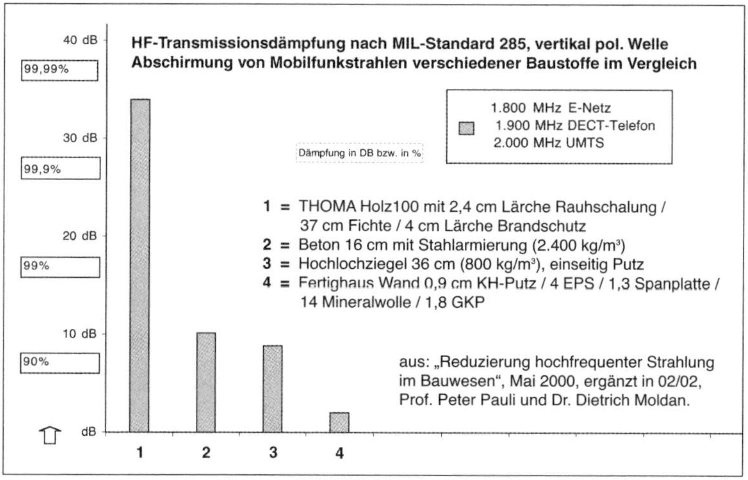


Mobiltelefone der ersten Generationen funktionierten daher in Holz100-Häusern meistens nicht. Mittlerweile wurden die Geräte derart weiterentwickelt, daß die wenigen Prozente der Reststrahlung, die zum Beispiel durch Fensterrahmen in das Haus eindringen, zum Telefonieren genügen. Für den Bewohner eines Holz100-Hauses bleibt trotzdem der Vorteil gegenüber anderen Bausystemen, daß im Inneren des Hauses, zum Beispiel am Schlafplatz, in der Regel die Strahlungsdichte wesentlich geringer ist als die außen an die Hauswände auftreffende Dichte. Die im Labor gemessene Abschirmung der Holz100-Wände erreicht je nach Frequenz bis zu 99,9 %.

**5) Schalldämmung**

Lange Zeit meinten die Menschen, ein Holzhaus ist zwar heimelig und romantisch, aber leider immer hellhörig. Holz100 Häuser bestehen aber in allen Teilen sozusagen aus massiven, vollen Bauteilen. Damit konnte diese Erfindung mit dem Vorurteil des hellhörigen Holzhauses endgültig aufräumen.

Nach ersten Schallerfahrungen stellte mir ein Bauherr sozusagen die Meisterprüfungsaufgabe in Sachen Schallschutz. Im Tiroler Ötztal bauten wir für die Familie Auer das leiseste Holzhotel der Welt – mit Holz100. Dieses Hotel erfüllt von Zimmer zu Zimmer eine ca. doppelt so hohe Schalldämmung, wie sie die Hotelbaunorm verlangt. Dazu muss man wissen, dass diese Norm ohnehin so streng ist, dass sie von vielen Hotelbauten nicht erfüllt wird.

Menschen, die heute immer noch daran zweifeln, dass Holz100 genau so gut schalldämmt wie etwa Beton, schicken wir einfach zu einem kurzen Wellnessurlaub in das Hotel Waldklause ins Ötztal. Das erspart lange Reden und hat noch jeden ungläubigen Thomas für den Baustoff Holz begeistert.

**6) Erdbebensicherheit**

Nachdem dies kein wissenschaftlich „trockenes" Buch sein soll, will ich auch hierzu lieber mit dem Hausverstand erfassbare Beispiele an Stelle von Prüfberichten und Zahlen nennen:

In der wohl am meisten „gebeutelten" Region der Erde in Japan stehen die ältesten Holzbauten der Erde. Tempel und Pagoden, die ohne Leim oder Metall, fünf- und sechsgeschossig bis zu 1600 Jahre (!) lang die schlimmsten Erdbeben elastisch und unbeschadet überstanden haben. Genau dieses Prinzip nutzt auch Holz100. Wen wundert es da, dass Holz100 Häuser die japanischen Erdbebenprüfungen, die weltweit wohl die strengsten sind, mit Bravour und Bestwerten bestanden haben.

Kein Wunder auch, dass die Japaner von der Technologie begeistert sind, dort die erste Übersetzung dieses Büchleins auf den Markt gekommen ist und inzwischen bereits zahlreiche Holz100 Bauten in Japan eine Reihe von Erdbeben, darunter ein sehr starkes (im Epizentrum 8 auf der Richterskala) unbeschadet überstanden haben.

Holz100 ist ein Weg, alte Tradition und moderne Technologie zusammenzuführen und den Menschen in den Häusern Geborgenheit und Sicherheit zu geben.

Dieses Buch hat auch einen wichtigen Beitrag geleistet, die Vision vom besten Haus ganz aus Holz in die Wirklichkeit umzusetzen und in die Welt hinauszutragen. Bereits in gebundener Form erreichte es Bestsellerauflagen und wurde in viele Sprachen übersetzt.

Seit der Erstausgabe des Buches vor zwölf Jahren sind damals noch unvorstellbare Bauten ganz aus Holz ohne Chemie und Leim mit den verdübelten Holz100 Elementen entstanden:

Über tausend Wohnhäuser, Großhotels in Italien, Österreich und Norwegen, Kliniken, Schulen und Kindergärten, die Forst- und Holzuniversität in Oslo, Sakralbauten, darunter eine Kirche in Japan…

Bei der Erstausgabe dieses Buches wurde manchmal die Idee vom chemiefreien, besten Holzhaus als Ökospinnerei belächelt. Heute gibt es Holz100 Werke in Österreich, Deutschland, Norwegen und Vorbereitungen zu Werksneubauten in den USA und weiteren Ländern dieser Erde.

Bäume verantwortungsvoll im Stoffkreislauf der Natur zu verarbeiten und daraus die besten Massivholzhäuser zu bauen, das schafft Geborgenheit für die Menschen und Sicherheit für die Zukunft. Es ist einfach ein Traum, sich voll und ganz auf die Schätze der Natur einzulassen!

Infos zu diesem System finden Sie im Internet unter www.thoma.at oder im Thoma Forschungszentrum für Naturholzverarbeitung, Hasling 35, A-5622 Goldegg Tel: (0043) (0)6415/8910.

## Der Badezimmer-Holzboden-Tischlermeister oder: Drei Gesichter im Bad

Wer kennt nicht den kratzenden Hals, wenn im Winter durch die Zentralheizung die Luft trocken wird und die Heizkörper noch zusätzlich Staub aufwirbeln? Wer kennt nicht die dampfende Luft und den beschlagenen Spiegel im Badezimmer?

Beides empfinden wir als unbehaglich. Zuwenig Wasser in der Luft ist ebenso unangenehm wie eine zu hohe Feuchtigkeit. Dampfende Luft erleben wir immer als schwer zu atmen. Im warmen Badezimmer ebenso wie bei einem Spaziergang im eiskalten Winternebel. Auch Staub und extreme Trockenheit belasten unsere Atmung.

Es ist naheliegend, daß für unser Wohlempfinden jener Baustoff der beste ist, der die Feuchtigkeit am besten puffern und ausgleichen kann. Unabhängig, ob es extrem trocken oder extrem feucht ist. Atmendes Holz mit seiner riesigen inneren Oberfläche, mit den vielen Poren, Kapillaren und Mikroröhrchen reagiert auf jede Feuchtigkeitsänderung der umgebenden Luft. Wird es plötzlich feuchter, beginnt Holz, Feuchtigkeit aufzunehmen und dadurch die Luft zu trocknen. Wird es wieder trockener, gibt das Holz von seiner eingelagerten Wassermenge wieder etwas an die Luft ab und gleicht damit die umgebende Luftfeuchtigkeit aus.

Holz in der Wohnung ist also ein idealer Feuchtigkeitspuffer. Je mehr Holz in einem Wohnraum vorhanden ist, umso größer ist der Puffereffekt. Machen Sie den Versuch mit dem Badezimmer, der weiter unten beschrieben ist. Wer jetzt Bedenken anmeldet, daß gerade im Badezimmer die Gefahr des „Arbeitens“ von Massivholz durch Feuchtigkeitsschwankungen zu groß ist, für den sind diese Zeilen besonders wichtig.

Es stimmt, gewöhnlich treten im Badezimmer die

extremsten Klimaschwankungen unserer Wohnung auf. In den ersten Jahren der Herstellung von Vollholzböden habe auch ich in unserem Betrieb auf Badezimmerböden verzichtet, weil ich zu große Fugen zwischen den einzelnen Holzdielen oder zu große Bewegungen des Bodens im feuchten Badezimmer befürchtete. Nach vielen Arbeiten in Badezimmern weiß ich jetzt aber: Auch hier ist volles Holz vom richtigen Zeitpunkt die beste Wahl.

Und das war das Schlüsselerlebnis für diese Erkenntnis: Als eines Tages ein befreundeter Tischlermeister einen Kirschboden für eine „Kundschaft" bestellte, sagte er mir nicht, für welchen Raum der Boden vorgesehen war. Er hat den Kirschboden wie besprochen bekommen und mir später bei einem Telefongespräch erklärt, daß der Boden sehr schön geworden ist. Auf meine Frage, ob der Besitzer zufrieden ist, meinte er: „Das kann man wohl sagen!"

Gelungen war daher die Überraschung, als ich Monate später im Haus des Tischlermeisters auf Besuch war und in sein Badezimmer geführt wurde. Der Tischlermeister hatte mir bisher verschwiegen, daß die „Kundschaft" er selbst gewesen war. Hier lag unser Kirschboden! Er war schön und sauber verlegt. Von Fugen konnte keine Rede sein. Die Kirschdielen lagen wie am ersten Tag. Der Tischler erklärte mir schmunzelnd, daß er meine Vorsicht kenne und mir schlaflose Nächte wegen des Kirschbodens im Badezimmer ersparen wollte. Er habe ohnehin schon lange gewußt, daß man Holzböden vom richtigen Zeitpunkt auch in einem Badezimmer verlegen kann!

Drei verschiedene Gesichter im Badezimmer waren das Ergebnis der Besichtigung: Ein freudiges Gesicht der Tischlermeisterin, die stolz auf ihren schönen Kirschboden blickte, ein schmunzelnder Tischlermeister, der seinen Spaß an der gelungenen Überraschung und an meinem Blick kaum verbergen konnte und schlußendlich mein eigener Grind[1], der einigermaßen erstaunt aussah, sonst hätte sich der Tischlermeister wohl nicht so gefreut.

Inzwischen liegen bereits in vielen Badezimmern Vollholzböden aus unserer Werkstatt.

Je mehr atmendes Holz sich in einem Wohnraum befindet, desto ausgeglichener ist die Luftfeuchtigkeit.

Beispiel: Wenn sich die Raumluft in einem Wohnraum von 35 % auf 65 % erhöht, nimmt ein Quadratmeter Fichtenschalung in 12 Stunden ca. 10 Gramm Wasser auf. Um genau diese 10 Gramm Wasser je $m^2$ Holz bleibt die Luft also trockener. Im gegenteiligen Fall, d. h. bei plötzlicher Trocknung der Raumluft, passiert das Umgekehrte. Das Holz gibt langsam wieder Wasser ab.

Machen Sie selbst einen Versuch: In vielen Badezimmern ist der Spiegel nach dem Einbau von Holzdecken, Wandverkleidungen aus Holz und/oder Holzböden nach dem Duschen nicht mehr oder kaum mehr beschlagen.

Dabei müssen Sie auf eines aufpassen: Schichtverleimte Paneele, lackierte und beschichtete Holzoberflächen machen diese Puffereigenschaft des Holzes ganz oder teilweise zunichte. Die guten Holzeigenschaften erhalten Sie nur durch massive, unverleimte Verarbeitung und Oberflächenbehandlungen, die die Atmung des Holzes nicht behindern.

## Die ewig staubige Stiege

Durch Reibung können sich Oberflächen elektrostatisch aufladen. Die dabei entstehende Ladung ist umso größer, je weniger leitfähig die Oberfläche ist. Denken Sie an das Knistern beim Überziehen eines Pullovers aus Kunstfasern. Beim Naturmaterial Schafwolle oder Leinen werden Sie das kaum erleben. Teppichböden aus Kunstfasern können sich allein durch das Begehen aufladen. Der berühmte Schlag beim Berühren der Türklinke ist die dazugehörende Entladung. Elektrostatische Aufladungen können sogar durch das Vor-

[1] Mundart für Gesicht

beistreichen der (zentralbeheizten) Raumluft an nichtleitenden, „künstlichen“ Oberflächen entstehen.

Baubiologen achten darauf, daß im Wohnbereich so wenig elektrostatisch aufladbare Oberflächen wie möglich vorhanden sind. Der menschliche Körper hat ein natürliches, schwach elektrisches Schutzfeld um sich. Dieses Feld stößt Staub- und Schmutzpartikel, Bakterien usw. von der Haut ab. In Räumen mit stark elektrostatisch geladenen Feldern ist dieses natürliche Schutzfeld des Menschen gestört. Die Folge können bei empfindlichen Menschen Allergien, Schleimhautentzündungen, Erkältungskrankheiten, Kopfschmerzen, usw. („Sick-Building-Syndrom“) sein.

Ein weiterer Nachteil elektrisch geladener Oberflächen ist die Neigung, zu verstauben und zu verschmutzen, weil Partikel, die in der Raumluft schweben, angezogen werden. Denken Sie an die Oberfläche des Fernsehbildschirmes oder der Stereoanlage, die ebenfalls Staub anziehen.

Abhilfe ist aber einfach: Sorgen Sie für viele natürliche (Holz)oberflächen in Ihrer Wohnung, die entweder unbehandelt oder nur mit Naturstoffen (z. B. Bienenwachs, Naturharzöle u. ä.) versehen sind.

Böden, Wände oder Decken aus Holz werden die natürlichen elektromagnetischen Felder Ihrer Wohnung nicht nachteilig beeinflussen. Diese Eigenschaft des unbehandelten Holzes ist eine Ursache dafür, daß wir die aus unbehandeltem Holz erbaute Almhütte gemütlicher empfinden als eine Wohnung mit lackierten Oberflächen.

Dazu eine kleine Geschichte:

Ein junges Ehepaar, das in unserer Nachbarschaft vor einigen Jahren ein Haus errichtet hatte, erlebte die Eigenschaften verschieden behandelter Holzoberflächen auf unerwartete Weise. In den beiden Vorzimmern im Erdgeschoß und im ersten Stock verlegte der Bauherr, selbst ein gelernter Zimmermann, einen Eschenboden. Die Oberfläche dieses Eschenbodens wurde mit Naturharzöl und Bienenwachs eingelassen. Die Treppe aber, die die beiden Vorzimmer miteinander verbindet, baute ein befreundeter Tischler. Dieser Tischler hatte noch nie mit Naturharzöl gearbeitet – er lackierte die Treppe mit einem herkömmlichen Lack auf Wasserbasis.

„Fürchterlich“, klagte die Hausfrau, nachdem sie sich zwei Jahre mit der lackierten Treppe geplagt hatte. „Es ist, als ob die Treppe den Staub aus dem ganzen Haus anzieht. Diese Stiege kommt mir vor wie ein Staubmagnet. Die geölten Böden in den Vorzimmern sind nie staubig. Nur die lackierte Treppe ist immer staubig. Ich könnte sie dreimal am Tag wischen. Ich jammere meinen Mann immer vor, daß er endlich den Lack abschleift und die Stiege genauso wie den Boden ölt. Er hat mir versprochen, daß er das im nächsten Winter macht.“

Ihr Blick, der an den danebenstehenden Mann gerichtet war, ließ an ihrer Absicht, dieses Versprechen auch einzufordern, keinen Zweifel offen.

## Was ist hygienischer?

Drastisch sind die Ergebnisse einer US-Studie zu Lebensbedingungen von Salmonellen auf verschiedenen Materialien: Auf einer unbehandelten Holzoberfläche starben Salmonellen nach wenigen Minuten ab. Auf Plastikflächen dagegen konnten Salmonellen nicht nur überleben, sondern sich auch noch gut vermehren! Denken Sie an Küchenplatten und Schneidbretter mit Kunststoffbeschichtungen, die viele Menschen hygienischer einstufen als Arbeitsplatten aus Holz; oder an Menschen, die glauben, Holz aus hygienischen Gründen lackieren und beschichten zu müssen. Lackiertes Holz verhält sich wie eine Plastikoberfläche.

## Was strahlt im Haus?

Nicht die Sonnenstrahlen sind hier gemeint, auch nicht das strahlende Gesicht eines glücklichen Menschen. Es geht vielmehr um den Vergleich aller radioaktiven Strahlenbelastungen, denen man in Häusern und Wohnungen durch verschiedene Baustoffe ausgesetzt ist.

Radioaktive Strahlenbelastung[1] im Jahresdurchschnitt aus natürlichen und künstlichen Quellen: Die durchschnittliche natürliche Jahresbelastung beträgt in Deutschland ca. 150 Millirem (mr). Beim Wohnen in Häusern aus den verschiedenen Materialien kommt eine Strahlenbelastung in folgender Größenordnung dazu:

| | | | |
|---|---|---|---|
| Granit/Schlacke: | + 150 mr | = | Summe 300 mr |
| Bimsstein/Gips: | + 65 mr | = | Summe 215 mr |
| Ziegel/Beton: | + 20 mr | = | Summe 170 mr |
| Holz : | – 10 mr | = | Summe 140 mr |

Als einziger Baustoff ist Holz in der Lage, die Strahlenbelastung zu reduzieren!

Wichtig für alle, die einen Innenausbau vorhaben und sich zwischen Holzverschalungen und Gipsplatten entscheiden müssen: Vergleichen Sie die Werte von Holz und Gips.

[1] Merkblatt der Bayrischen Gesellschaft für Nuklearmedizin, München

## Sechstes Kapitel

# Unsere Wälder – unsere Chance

In diesem Kapitel lesen Sie,

... welche Alternativen es
zur Erdöl- und Wegwerfgesellschaft gibt,

... wie der Wald imstande ist, uns mit
Energie zu versorgen und
unsere Luft zu reinigen,

... und wie wir uns am Wald ein Beispiel
für geschlossene Energiekreisläufe
nehmen können.

Technik und Wissenschaft haben uns in den letzten Jahrzehnten Entdeckungen, Fortschritte und Lebensveränderungen gebracht, die sich unsere Vorfahren durch Jahrhunderte hindurch nicht erträumt hätten.

Trotzdem bleiben die Lebensgrundlagen dieser Welt von der Erhaltung unzähliger, genialer, großer und kleiner natürlicher Kreisläufe abhängig. Die Erhaltung des Kreislaufes Baum – Holz – Humus/Asche – Baum ist ein Beispiel, in welche Richtung wir unser Bewußtsein und unsere Lebenseinstellung ändern müssen, wenn wir Wohlergehen, Gesundheit und Glück auf unserer Erde auch unseren Kindern und Enkelkindern erhalten möchten.

## Mobilität und Reisen

Wir Menschen des 20. Jahrhunderts freuen uns über eine grenzenlose Mobilität. Wir rasen für einige Tage Entspannung von einem Kontinent zum anderen. Kartoffel werden zum Waschen per LKW hunderte Kilometer quer durch Europa gefahren und zur Verarbeitung wieder zurückgeliefert. Wir transportieren Baumstämme von Rußland nach Deutschland und Österreich und von Mitteleuropa nach Japan, um am Zielort Bretter zu erzeugen.

In Statistiken zeichnen wir die jährliche Zunahme von Verkehrsbelastung, Abgasen, Verkehrstoten und Landverbrauch durch Straßenverkehr auf. Wir „büßen" für diese Mobilität allein schon dadurch, daß wir genußvolles und intensives Reisen gar nicht mehr kennen.

Bedeutet größere Mobilität wirklich höhere Lebensqualität? Ist es zeitgemäß, daß wir vordringlich in eine automobile Zukunft und in das Wachstum des Flugverkehrs investieren? Strukturen der nahen Versorgung bedeuten mehr als nur sinkende Verkehrsbelastung und weniger Schadstoffe.

Beim Schreiben dieser Zeilen erinnere ich mich an unsere Maturareise. Auf einem aus runden Stämmen gezimmerten Floß fuhren wir tagelang durch ganz Österreich die Donau herab. Seit dieser Reise mit ihren langsamen Bildern von vorbeischwimmenden Ufern trage ich ein unauslöschbares Bild der einmaligen Flußlandschaft in mir.

Beim Schreiben dieser Zeilen schaue ich in unseren Wintergarten und erinnere mich an die Bäume, die ich im heimatlichen Bergwald für ihn ausgesucht habe. Auch an die mächtigen Eschen, Fichten und Eichen für die Fußböden im Haus erinnere ich mich. Ich denke an den Bauern, der unsere Zirbenholztruhe immer mit biologisch angebautem Getreide füllt, an Milch und Butter vom Nachbarn, die niemals mit einem LKW herumgefahren wurden, an das Joghurt, das meine Frau selbst zubereitet und an die Dämmstoffe und Leinengewebe von unseren heimischen Flachsbauern.

## Müll – ein unbekanntes Wort

Der beste Lehrmeister der Holzverarbeitung, den ich mir wünschen konnte, ist unser Opa, ein Zimmermann im neunzigsten Lebensjahr. Er kehrte nach Jahren im Krieg aus Rußland heim und ging nach kurzer Zeit der Genesung wieder seinem geliebten Beruf als Zimmermann nach.

Mit einfachen Mitteln baute er für seine Familie ein Haus. Dazu wurden die Bäume im heimatlichen Wald geerntet und bis zum letzten Fenster und Sessel selbst verarbeitet. Die Behaglichkeit und der Geist des kleinen Holzhauses fangen uns immer wieder ein, wenn wir mit unseren Kindern den „Urliopa“ besuchen. Opas Erzählungen aus seinem reichen Erfahrungsschatz bringen die Ohren seiner Zuhörer zum Glühen. Manchmal tauchen dabei Vergleiche mit der heutigen Arbeitswelt auf. Einige Erkenntnisse, die wir an solchen Nachmittagen und Abenden gewinnen, möchte ich Ihnen nicht vorenthalten:

Heute, fünfzig Jahre, nachdem unser Opa sein Holzhaus gebaut und eingerichtet hat, wird beim Bau eines Hauses gleicher Größe, abhängig vom Baustoff, 5 bis 130 mal soviel Energie verbraucht wie damals.

Energieverbrauch als Maßstab von Fehlentwicklung:[1)]

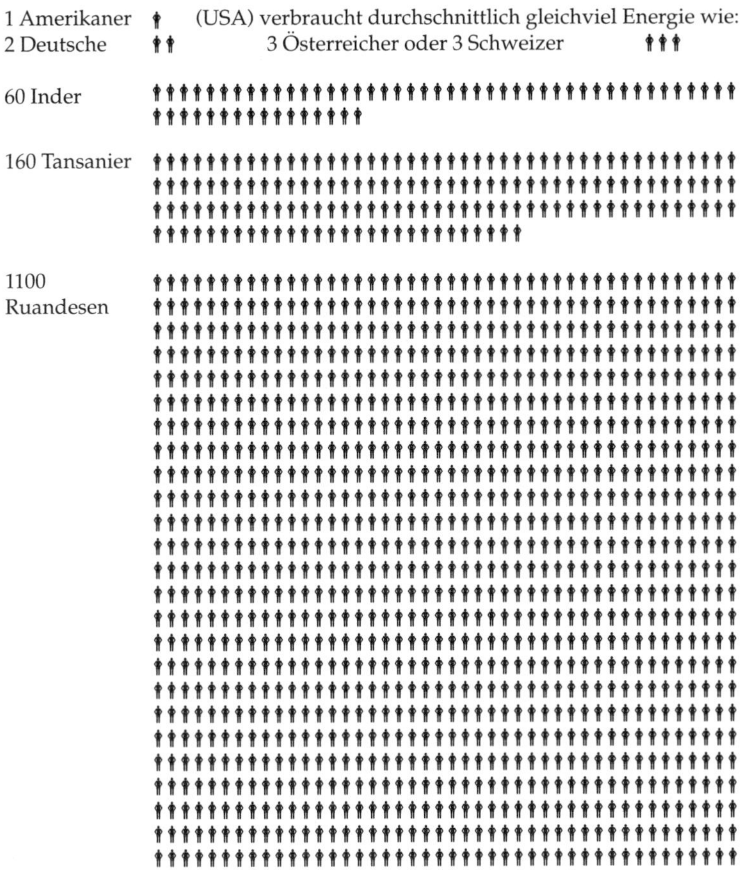


---

1) Mitteilung der Umwelt- und Energieberatung der Salzburger Landesregierung

Das Kuriose an dem Vergleich ist, daß moderne Häuser trotzdem nicht besser, behaglicher, gesünder oder langlebiger sind. Eher das Gegenteil ist der Fall. In Opas Holzhaus gibt es behagliche Wärme und Geborgenheit, aber keine Schimmelpilze oder giftige Dämpfe durch „moderne“ Baustoffe. Unser Opa lebt schon 50 Jahre in seinem Haus. Immer noch ist es Treffpunkt und Halt für alle Kinder, Enkel und Urenkel.

Der Grundsatz zu Opas Zeit hieß: „Sich mit Allem aus nächster Nähe zu versorgen.“ Das galt nicht nur für die Entscheidung, Holz als Baustoff zu verwenden. Auch die Bekleidung wurde aus heimischer Schafwolle und Leinen hergestellt. Lebensmitteltransporte von weit her waren unbekannt! Bevor aber das Urteil: „Das war halt eine bitterarme Zeit“ gesprochen wird, sollten wir uns noch einen zweiten Grundsatz dieser Menschen ansehen und überlegen, welche Bedeutung das für unsere moderne Gesellschaft hätte: Die Worte Müll, Schrott oder Schutt waren für Oma und Opa unbekannt! Unbrauchbar werden gab es nicht. Es mußte nur für alles und jeden der richtige Platz gefunden werden. Daß dieser Platz von Zeit zu Zeit geändert wurde, war klar. Nichts kann ewig dienen. Aber danach kam immer noch etwas. Einen Müllplatz im Dorf? Da schüttelt der Opa seinen Kopf. Das konnte er sich nicht vorstellen. Diesen „Fortschritt“ lernte er erst später kennen.

Opa erzählt: „Die rupferne Pfoad[1)] haben wir immer angehabt! Auch bei der größten Hitze ist mit der Pfoad gearbeitet worden. Wir haben aber auch nie einen Hexenschuß oder Kreuzweh gehabt, obwohl die Arbeit viel schwerer als heute war.“

Ein kaputtes Leinenhemd wurde geflickt und ausgenäht, und zwar so lange, bis es wirklich nicht mehr zu reparieren war. Danach war dieser treue Diener noch lange kein Müll. Sauber gewaschen, diente es noch

---

1) Hemd aus handgewobenem Leinen

lange Zeit als Lappen im Haushalt. Aber auch wenn hier die Auflösungserscheinungen zu groß wurden, kam kein Müllschlucker, in dem Unbrauchbares verschwindet. Vom Flachsfeld war das Hemd gekommen, also kehrte es mit größter Selbstverständlichkeit über den Umweg Komposthaufen wieder dorthin zurück. Es sollten ja wieder Leinenhemden wachsen, neue und schöne, für den Sonntag und für die kleinen Kinder, die im Dorf geboren wurden . . .

Das Beispiel des Leinenhemdes könnte auf alle Gebrauchsgegenstände der damaligen Zeit übertragen werden. Ist diese Haltung aus Opas Zeit wirklich so antiquiert? Welchen Lohn könnten wir heute von einem Weg erwarten, der wieder in diese Richtung führt?

## Erdöl- und Wegwerfgesellschaft

Hand aufs Herz, wer hat sich noch nicht blenden lassen, von der glitzernden Konsumwelt, den scheinbar grenzenlosen Einkaufsmöglichkeiten unserer Wohlstandsgesellschaft? Wir freuen uns, daß wir alle paar Jahre einen Tapetenwechsel vornehmen und neue Möbel, Fußböden und viele andere Gebrauchsgegenstände anschaffen können. Wo aber landen die alten?

Das neue Konsumgefühl ist erst durch den „Rohstoffwechsel" vieler Güter möglich geworden. Denn mit traditionellen, natürlichen Rohstoffen wie Holz, Stein und Pflanzenfasern würde die Wegwerfgesellschaft nicht so gut funktionieren. Riesiger Werbeaufwand sorgt heute dafür, daß durch Kunststoffe und Verbundstoffe, durch Cocktails verschiedenster, undurchschaubarer Mischungen die altbekannten, natürlichen Rohmaterialien ersetzt werden.

Diese neuen Rohmaterialien werden zum größten Teil synthetisch aus Erdöl hergestellt. Kunststoffe, Farben, synthetische Bekleidung, Beschichtungen . . . die Liste der Erdölprodukte ist lang. Ähnlich lang ist die Liste schädlicher Neben- und Abfallprodukte, die auf dem langen Weg der chemischen Synthesen vom Erdöl bis zum fertigen Petrochemieprodukt anfallen. Ständig entstehen in Labors neue Molekülstrukturen, die es zuvor auf der Erde nicht gegeben hat. Moleküle, von denen niemand weiß, wie Mensch, Tier und Pflanzen damit zurechtkommen.

Sogar Holz ist auf den zweiten Blick oft nicht mehr Holz, sondern eine Mixtur aus Holzspänen, Lamellen oder Brettern und bedenklichen Leimen, Farben und Beschichtungen.

Allergien, gesundheitliche Störungen von der Atemnot bis zur Schädigung der Erbinformation gehören genauso zu der Welt, in die unsere Kinder hineinwachsen wie Sondermülldeponien, von denen niemand weiß, was mit den dort gelagerten Stoffen jemals geschehen soll.

Beim Schreiben dieser Zeilen sitze ich auf einem Stuhl, den unser Opa mit seinen Händen und einfachem Werkzeug angefertigt hat. Diese Werte, die er geschaffen hat, bereichern heute noch das Leben seiner Urenkel. Ich schaue auf die Fußböden aus Hartholz und freue mich über den Gedanken, daß unseren Kindern und Enkelkindern diese Böden so erhalten bleiben, wie sie von meiner Frau und mir benutzt werden. Ich denke an unsere Holzhäuser, die von Handwerkern gebaut und für Jahrhunderte ausgelegt sind. Schöpferische, handwerkliche, dauerhaft hergestellte Produkte schenken viel eher wirkliche Lebensfreude als naturfremde Wegwerfartikel.

Meine Kindheit in den sechziger Jahren war noch geprägt vom grenzenlosen Vertrauen in Technik und Wissenschaft. Die Produkte der aufblühenden Wirtschaft wurden meist vorbehaltlos aufgenommen. Aber die Ernüchterung folgte relativ schnell auf den Fuß. Spektakuläre Chemie- und Giftgasunfälle, die Katastrophe des Atomreaktors in Tschernobyl, Vergiftungen von Erwachsenen und Kindern durch Holzschutzmittel haben das Vertrauen in Wissenschaft und Technik erschüttert. Klimaveränderungen, Megastaus im Straßenverkehr, bisher unbekannte Krankheiten und Allergien zeigen uns die Grenzen des Wachstums.

Einer Gesellschaft, in der viele Dinge, die Menschen erzeugen, schon nach kurzer Zeit weggeworfen werden, droht, daß eines Tages auch die Freude an der Arbeit und am Leben weggeworfen und alte Menschen und ihr Wissen abgeschoben und für unnütz erklärt werden!

Eine wunderbare Aufgabe für unsere Generation ist es daher, unsere Betriebe so umzubauen, daß sie wieder den Menschen und der Natur dienen. Am Ende sollen wir mit Freude und Stolz auf unsere Arbeit schauen können.

Dazu eine Begebenheit: Unsere Großeltern waren zu Besuch bei uns. Der Opa hat mir geholfen, eine kleine Holzterrasse zu verlegen. Die Oma saß auf der Gartenbank und sah uns bei der Arbeit zu. Als sich der Opa für eine kurze Rast zu seiner Frau auf die Gartenbank setzte, sagte sie: „Wie schön ist doch das Zuschauen!“ „Ja, ja“ schmunzelte der Opa, „wie schön muß erst das Arbeiten selbst sein!“ Er drückte noch einmal liebevoll ihre Hand, stand auf und werkelte mit mir weiter.

Ich wünsche uns allen, daß auch wir diese Freude an unserer Arbeit erreichen und uns, wie unser Opa, bis ins hohe Alter bewahren. Der sorgfältige und begeisterte Umgang mit den kostbaren Materialien, die uns die Natur schenkt, ist der erste Schritt in diese Richtung.

Alte Menschen waren und sind es immer wieder, die uns und unseren Kindern die Augen für neue Welten öffnen. Eine solche, neue Sicht der Welt erlebte ich zum ersten Mal von meinen Holzstelzen aus, die mir mein Opa baute. Der alte Nachbar des Elternhauses fällt mir ein, der in der schweren Zeit nach dem viel zu frühen Tod meines Vaters uns Buben immer mit Rat und Tat hilfreich zur Seite stand. An den alten Wildmeister Fritz Löffler denke ich, der mir als jungen Förster die Geheimnisse des Bergrevieres im Karwendel anvertraute. An unsere Großmutter denke ich, die meine Frau und mich als junges Ehepaar immer bestärkt hatte, den eingeschlagenen Weg fortzusetzen, sich selbst nicht gar so wichtig zu nehmen und mit ihrer eigenen, 60 Jahre langen und glücklichen Ehe das beste Beispiel vorlebte.

Wir freuen uns, wie unsere Kinder in der Liebe ihrer beiden Omas und ihres Opas aufgehen. Wenn die „Brucker Nonna" mit Händen und Füßen eine Geschichte erzählt, kommt keines ihrer Enkelkinder auf die Idee, den Fernsehapparat einzuschalten. – „Unsere Nonna ist super!"

Das sind Schätze, die wir im Alltag genießen können und die uns davor bewahren, unser Glück in der Scheinwelt der Wegwerfgesellschaft zu suchen.

## Energiekreisläufe

*Wir kehren der Sonne den Rücken zu,*
*und schlagen Kohle aus den Bergen.*
*Wir kehren der Sonne den Rücken zu*
*und bohren nach Öl.*
*Wir kehren der Sonne den Rücken zu*
*und spalten Atome.*
*Wann drehen wir uns um?*

Fritz Gillinger

Mit Sonnenenergie im engen Sinn, das heißt Sonnenenergie, die direkt durch Kollektoren genutzt wird, könnten wir ca. 70 – 90 % des Energiebedarfs für Heizungen und Warmwasser in unseren Wohnungen decken. Mit Sonnenenergie im weiteren Sinn, hier sind alle von der Natur gespeicherten Formen der Sonnenkraft, wie etwa Holz, Wasserkraft und Wind einbezogen, könnten wir mittelfristig einen großen Teil unseres Gesamtenergiebedarfs und langfristig den größten Teil abdecken. Aber die europäische Energieversorgung ist nach wie vor zu 80 % auf nicht erneuerbare Energieträger wie Erdöl, Gas und Kohle aufgebaut.

Unsere Erde wurde vor Jahrmillionen erst dadurch bewohnbar, daß Kohlenstoff aus der Atmosphäre in Form von Kohle, Erdöl und Gas gebunden wurde. Durch unsere moderne Energieversorgung mit fossilen Brennstoffen haben wir diesen Vorgang umgekehrt. Eine Umkehrung, die wieder zur unbewohnbaren Erde führt, wenn wir nicht innehalten.

Doch die Natur streckt uns die Hand entgegen: Ergreifen wir sie! Täglich laufen vor unseren Augen natürliche Energiekreisläufe ab, die an einem einzigen Tag ein Vielfaches jener Energiemenge beinhalten, die von der Menschheit in einem ganzen Jahr verbraucht wird.

Täglich wachsen in den Wäldern unserer Erde Millionen Festmeter Holz nach. Allein im winzigen Land Österreich wächst in jeder Sekunde ein Kubikmeter Holz. Das ist ein Würfel, ein Meter lang, ein Meter breit und ein Meter hoch – pures Holz.

Täglich werden durch die Kraft der Sonne unvorstellbare Mengen von Wasser aus den Ozeanen in die Atmosphäre gehoben, um als Regen, Bäche und Flüsse schließlich wieder die Meere zu erreichen.

Täglich verursacht die Sonne Luftbewegungen, Winde und Stürme, die alle Maschinen dieser Welt antreiben könnten. Täglich geht die Sonne auf . . .

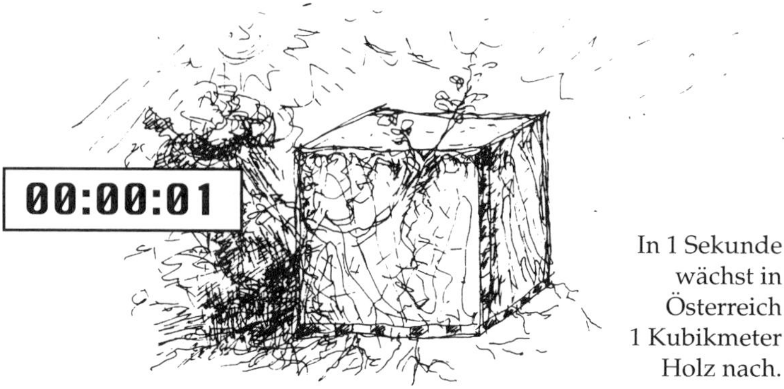


In 1 Sekunde wächst in Österreich 1 Kubikmeter Holz nach.

Wann erkennen wir diese Wunder? Wann erkennen wir, daß unser Energiebedarf angesichts solcher natürlicher Vorgänge winzig ist? Er ist winzig, wenn wir es verstehen, uns in die großen, natürlichen Energieströme einzufügen. Aber dieser Energiebedarf ist riesig genug, das natürliche Gleichgewicht unserer Erde zu zerstören, wenn wir meinen, wir könnten ihn weiterhin hauptsächlich durch Erdöl, Gas, Kohle und Atomenergie decken.

Bis Bäume ihren natürlichen Lebensweg vom Keimling bis zum alten, zusammenbrechenden Baumriesen gegangen sind, haben sie jahrzehntelange Rangordnungskämpfe um die soziale Stellung im Waldgefüge untereinander ausgefochten.Tiere und die gesamte Lebensgemeinschaft Wald bekamen Schutz und Nahrung und auch die eigene Lebensgrundlage des Baumes, der Waldboden, wurde mit Laub- oder Nadelstreu versorgt, damit für die nächste Generation genug Humus vorhanden ist. Schlußendlich haben die Bäume auch ihre Fortpflanzungsaufgaben erfüllt und gehen den Weg, auf dem sie gekommen sind. Alte Baumriesen brechen zusammen, werden wieder zu Erde, zum Nährstoff für junge Bäume und leben in diesen weiter.

Bei dieser Umwandlung der Lebensform Baum zur Lebensform Humus ist alles im natürlichen Gleichgewicht. Im perfekten Kreislauf wird das beim Wachsen aufgenommene $CO_2$ und die Sonnenenergie bei der Verrottung des Holzes nun wieder dorthin zurückgegeben, wo sie entnommen wurden – an die Atmosphäre.

Sagen wir ja zu diesem kostbaren Geschenk und nehmen wir den Weg der Natur an. Erhalten wir dieses Geschenk, damit unsere Kinder es so vorfinden wie wir. Erhalten heißt: lieben, achten und annehmen. Dieses Geschenk anzunehmen, heißt, unsere Wälder liebevoll und mit Sorgfalt zu nutzen.

Täglich geht die Sonne auf. Ihnen, lieber Leser und all unseren Kindern wünsche ich eine Lawine von Solar- und Niedrigenergiehäusern, eine Lawine von Holz-, Flachs- und Naturstoffverwendern, die von der Spielzeug kaufenden Mutter und vom „kleinen Häuslbauer" ausgeht und schließlich die Verantwortlichen in Wirtschaft und Politik erreicht. Ich wünsche uns allen, daß sich unsere Gesellschaft in die großen, natürlichen Engergieströme einfügt und die Geschenke der Schöpfung erkennt.

## Liefere Energie – reinige Eure Luft

Wie wir bereits feststellten, ist die europäische Energieversorgung zu 80 % auf nicht erneuerbare Energieträger wie Erdöl, Gas und Kohle aufgebaut. Dieses Energiesystem hat einen entscheidenden Nachteil: Es bedroht unsere Umwelt und Gesundheit! Bei der Verbrennung von einer Tonne Öl entstehen 2,8 Tonnen Kohlendioxyd ($CO_2$), die als gasförmiger Abfall in die Luft entweichen. Die intensive Verbrennung von Öl, Gas und Kohle verursacht daher den Anstieg von $CO_2$ in der Atmosphäre mit allen bekannten damit verbundenen Risiken (Erwärmung der Atmosphäre ...). Ist das eine Folge der modernen Wohlstandsgesellschaft, die wir unausweichlich hinnehmen müssen oder gibt es sinnvolle Alternativen? Unsere Wälder können auch auf die Energiefrage eine Antwort geben. Keine Pipelines, keine Bohrinseln und keine Reaktoren sind dafür notwendig. Holz könnte Unmengen an sauberer Energie liefern.

Denn bei der richtigen Verbrennung von Holz entsteht kein Gramm $CO_2$ mehr als dieses Holz während seines Wachstums aus der Atmosphäre entnommen hat. Ein perfekt geschlossener Kreislauf, der die $CO_2$-Bilanz unserer Umwelt nicht belastet.

Darüber hinaus bietet Holz die Möglichkeit, bereits angehäufte $CO_2$-Überschüsse in der Lufthülle unserer Erde abzubauen.

Der Wald holt $CO_2$ aus der Luft und verwendet es beim Baumwachstum als Baustein für das Holz. Bauen wir daraus langlebige Produkte wie Möbel oder Häuser, bleibt $CO_2$ in Form von ca. 250 Kilogramm Kohlenstoff je Kubikmeter Holz gebunden. Eine Familie, die sich zum Bau eines Holzhauses entscheidet, holt ca. 20000 Kilogramm Kohlenstoff aus der Luft.

Holz zu verarbeiten, bedeutet: der Atmosphäre $CO_2$ zu entziehen und unschädlich als Kohlenstoff im Holz zu lagern.

Gereinigte Luft für uns und unsere Kinder ist der Lohn, den wir erhalten, wenn wir die Bäume aus unseren Wäldern annehmen und als Häuser, Möbel, Böden und Spielzeug in unser Leben einbeziehen.

Verbrennen wir Erdöl, Erdgas oder Kohle, so werden dabei grundsätzlich auch eingelagerte Energien der Sonne freigesetzt. Auch diese fossilen Brennstoffe sind aus Pflanzen und organischen Stoffen entstanden. Der wesentliche Unterschied zur Holzverbrennung liegt aber einerseits in luftverschmutzenden Emissionen wie Schwefel- und Stickoxydverbindungen, wie sie etwa bei der Ölverbrennung frei werden. Andererseits darin, daß wir bei der Verbrennung fossiler Energien ganz andere Zeiträume überbrücken als bei der Holzverbrennung. Die Energie von Erdöl, Kohle und Gas wurde nicht wie das Wachstum eines Baumes in Jahrzehnten oder Jahrhunderten gebildet, sondern in Jahrmillionen.

Wenn wir Energie, die in Jahrmillionen gespeichert wurde, in den erdgeschichtlichen Sekundenbruchteilen einiger weniger Menschengenerationen verbrauchen, ergeht es uns wie Goethes Zauberlehrling: Wir setzen etwas in Gang, das wir nicht mehr kontrollieren können.

Die Atmosphäre reagiert auf die rasante Beschleunigung eines an sich langsamen Kreislaufes mit Klimaveränderungen, Ozonloch, globalem Temperaturanstieg, Waldsterben . . .

Treibhausgase:

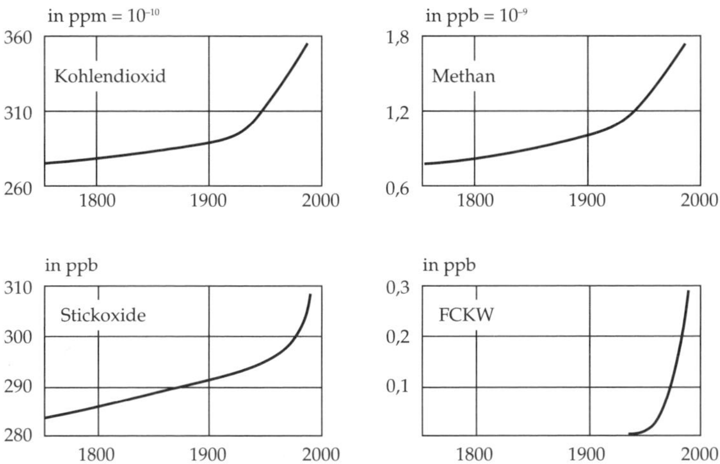


Treibhausgase, welche die Wärmeabstrahlung der Erde ins All behindern, sind in erster Linie Kohlendioxid, Methan, Stickoxide und FCKW. Sie tragen zur Erhöhung der Temperatur auf der Erde bei. Die Konzentration dieser Gase in der Atmosphäre (mit Ausnahme der FCKW, die erst seit Jahrzehnten in Gebrauch sind) ist seit 1800 ständig gestiegen.

(Quellen: World Meteorologiecal Organization). Ausgabe in Raumanteilen (ppm = $10^{-6}$, ppb = $10^{-9}$)

Steigende Durchschnittstemperatur: Temperaturdifferenz in °C zum Durchschnitt 1951–1980

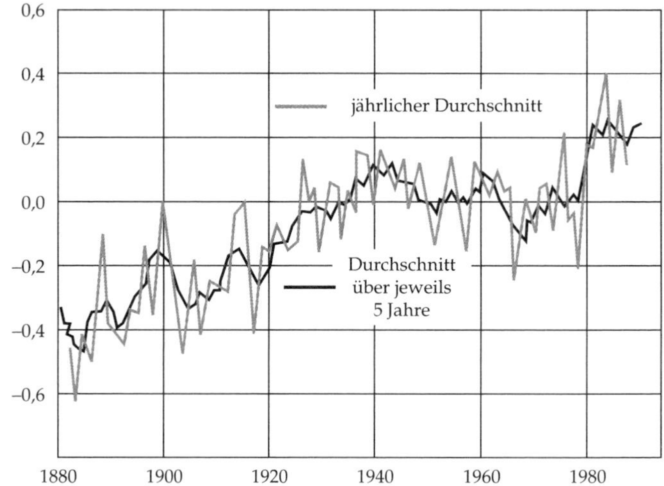


Die genauen Ursachen und die Aussichten einer befürchteten Klimaerwärmung der Erde sind wissenschaftlich noch immer nicht vollständig geklärt und daher auch Thema politischer Auseinandersetzungen. Keinem Zweifel unterliegt jedoch die Tatsache, daß seit 1880 die globalen mittleren Temperaturen gestiegen sind. Die wärmsten Jahre in diesem Jahrhundert wurden nach 1980 registriert (Quelle: T. A. Boden et at.).

Wenn wir weiterhin den Erdöl-, Gas- und Kohlekreislauf in erdgeschichtlichen Sekundenbruchteilen ablaufen lassen, indem wir diese Bodenschätze plündern, ist die Frage, ob das Ozonloch zur globalen Erwärmung oder zur nächsten Eiszeit führt, zweitrangig.

Ob wir auf unserem Planeten verdursten, durch schädliche, ungefilterte Strahlungen verbrennen oder ob wir erfrieren und verhungern und ob uns die Meere durch das abschmelzende Eis überfluten, sind verschiedene mögliche, apokalyptische Szenarien. Umwelt- und Klimaschäden, die durch unseren Energieverbrauch entstehen, könnten vermieden werden, wenn wir die Energie, die wir für unser Leben und unsere Zivilisation benötigen, mit natürlichen Kreisläufen in Einklang bringen.

Wir müssen endlich das Angebot erkennen, das uns die Natur durch Wälder und Bäume sowie durch erneuerbare Energiequellen täglich macht.

In diesem Buch wird gezeigt, wie es möglich ist, Holz so zu verarbeiten, daß es uns nach Gebrauch als Baumaterial, Möbel oder Werkzeug noch als unbedenklicher Brennstoff dient, der uns seine gespeicherte Sonnenenergie gibt, bevor er wieder zu Asche und Humus wird.

Lieber Leser, bitte legen Sie das Buch für einen Moment weg, machen Sie es sich bequem und schließen Sie Ihre Augen. Erinnern Sie sich an Ihren letzten Waldspaziergang? Können Sie die frische, würzige und gesunde Waldluft spüren? Ist das nicht ein Geschenk des Himmels, der Wald als luftreinigendes Solarkraftwerk, das ohne unsere Mühe tagaus, tagein kostenlos für uns diesen Dienst versieht?

Ein Geschenk, das die Natur jederzeit bereithält. Es gibt keinen einzigen Tag im Jahr, an dem das Kraftwerk Wald nicht für uns arbeitet.

Eine wichtige Voraussetzung, damit wir diesen wunderbaren Kreislauf nutzen und erhalten können, müssen wir allerdings erfüllen: Alles Holz, das wir der Natur entnehmen, sollen wir in ihren Kreislauf zurückgeben.

- Das heißt, Holz nur mit Mitteln zu behandeln, die in der Natur vorkommen, damit es den Rückweg dorthin auf natürliche Weise, etwa durch Kompostierung wieder findet.
- Das heißt, keine synthetisch-chemischen Holzschutzmittel, Lacke und Leime an und in das Holz, die nicht kompostierbar sind, und die sich bei der Verbrennung und in Gewässern nicht neutral verhalten.

– Keine Stoffe an und in das Holz, die in Labors entstanden sind und die es in der Natur nicht gibt.

Werden diese Grundregeln nicht eingehalten, endet der Kreislauf des Holzes in der „Sackgasse Sondermüll“.

Am Beispiel unserer mitteleuropäischen Länder zeigt sich: Sämtliche Baustoffe und Energien, die wir für unser Leben benötigen, könnten wir aus Quellen beziehen, die unsere Umwelt nicht belasten[1]. Jeder Bauherr kann allein durch die Wahl der Baustoffe eine riesige Energiemenge einsparen oder unnötig verbrauchen. So etwa entscheidet die Wahl eines Holzfensters darüber, daß nur der 126. Teil jener Energiemenge verbraucht wird, die für ein Aluminiumfenster erforderlich wäre. Oder umgekehrt: Mit demselben Energieaufwand, der zur Ausstattung eines Hauses mit Aluminiumfenstern erforderlich ist, können Holzfenster für 126 Häuser hergestellt werden!

Haben Sie gewußt, . . .

. . . wie sich die freiwerdenden Energien bei der Herstellung gleichwertiger Güter im Mengenverhältnis zueinander verhalten?

z.B. Fenster, Türen, Böden, Hausbau, Möbel etc.

| Holz | : | Zement | : | Kunststoff | : | Stahl | : | Aluminium |
|---|---|---|---|---|---|---|---|---|
| 1 | : | 4 | : | 6 | : | 24 | : | 126 |

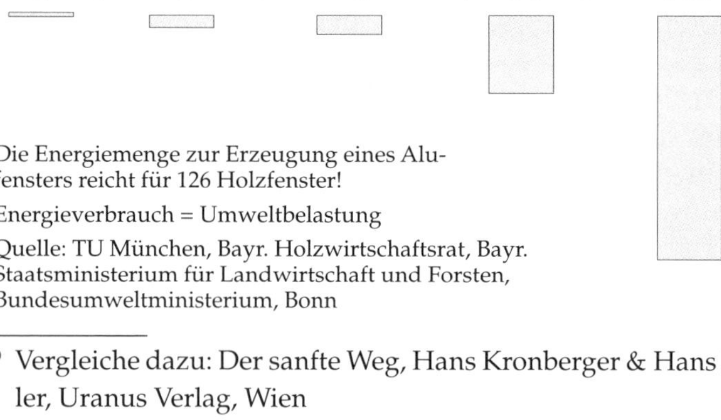

Die Energiemenge zur Erzeugung eines Alufensters reicht für 126 Holzfenster!

Energieverbrauch = Umweltbelastung

Quelle: TU München, Bayr. Holzwirtschaftsrat, Bayr. Staatsministerium für Landwirtschaft und Forsten, Bundesumweltministerium, Bonn

---

1) Vergleiche dazu: Der sanfte Weg, Hans Kronberger & Hans Nagler, Uranus Verlag, Wien

Dieses vergleichende Beispiel läßt sich auf alle möglichen Baustoffe umlegen. Denken Sie an Fußböden (Holz oder Kunststoff), Isolationen (Flachs oder Schaumstoff), Türen, Treppen, Möbel und vieles mehr.

Holz braucht kein Kraftwerk, keine Fabrikshalle und keinen Schornstein für seine Produktion. Holz zu verwenden heißt, Energie zu sparen und die Umwelt zu schonen.

Die Wälder mit dem natürlichen Rohstoff Holz, den wir sinnvoll nutzen sollen und von dem wir genug haben, gehören zu den ergiebigsten Energiequellen, die uns zur Verfügung stehen.

Würden wir in Mitteleuropa Holz tatsächlich überall dort einsetzen, wo man es verwenden kann – als Baustoff für unsere Häuser vom Fußboden bis zum Dach, für den Möbelbau, als Wärmequelle aus Blockheizkraftwerken, für die Papiererzeugung – so könnten wir die Holzmenge, die jährlich in unseren Wäldern nachwächst, trotzdem nicht verbrauchen.

Immer noch würde ein Teil der Bäume in den Wäldern zu Humus werden, ohne daß sie vorher den Menschen Schutz oder Wärme gegeben hätten.

Gemäß Statistiken der Forstinventur wird in Deutschland und Österreich jeweils nur etwa die Hälfte der Holzmenge geerntet, die jährlich nachwächst. Und diesen Teil nutzen wir schlecht, weil ein Großteil des „modern" verarbeiteten Holzes aufgrund der Behandlung mit giftigen Holzschutzmitteln, Lacken und Leimen den ökologiegerechten Weg zurück in die Natur nicht antreten kann.

Eine riesige Energiequelle, das Sonnenkraftwerk Wald, ist zu einem großen Teil immer noch ungenutzt! Wir müssen das genial einfache Prinzip des Energiekreislaufes unserer Wälder erkennen und unseren Umgang mit Energie in diesen geschlossenen Kreislauf integrieren, dann können wir natürliche Energiequellen nutzen, die uns über die risikoreiche Atomstromerzeugung und die umweltbelastende Verbrennung von Erdöl, Gas und Kohle den Kopf schütteln lassen.

Das Holz unserer Wälder ist der größte, sich selbst erneuernde Speicher von $CO_2$ und Sonnenenergie. Ein Kraftwerk mit dem Nebenprodukt Sauerstoff und gereinigter Luft für uns Menschen.

## Zwei Dörfer heizen ein

„Was der Bauer nicht kennt, das frißt er nicht! Ein Holzhackschnitzelheizwerk in unserem Gebirgsdorf? Spinnerei, unmöglich, bringt nichts! Oder soll man es doch versuchen? Stimmt es, daß hier beim Verheizen unserer Garten- und Holzabfälle nicht mehr Abgase an die Luft gelangen als beim Verrotten auf dem Komposthaufen? Rauch soll an diesem Kamin gar nicht mehr zu sehen sein! Ist es nicht verrückt, daß wir zum Heizen unserer Häuser Kohle und Öl von weit her holen und Hackgut und Holzabfälle der heimischen Holzverarbeiter wieder per LKW weit weg transportieren? Da ist es doch kein Wunder, wenn wir alle über den vielen Verkehr im engen Gebirgstal jammern."

An den Stammtischen des kleinen Salzburger Gebirgsdorfes Bramberg am Wildkogel gab es heiße Diskussionen über das Projekt „Hackschnitzelheizung".

Jetzt läuft die Biomasseheizung schon seit drei Jahren. Was sich niemand vorstellen konnte, ist Wirklichkeit geworden: Das kleine Heizwerk ist in der Lage, ein ganzes Dorf mit Fernwärme zu versorgen. Trotzdem kommen beim Kamin weniger Abgase heraus als das bei einem einzigen Einfamilienhaus mit schlecht eingestellter Ölheizung der Fall ist.

Möglich wurde dies durch Fortschritte in der Heizungs- und Verbrennungstechnik, die vor zehn Jahren noch undenkbar waren. Bei einigen hundert Häusern im Dorf heißt das, daß der Schadstoffausstoß im Vergleich zu früher, als in jedem Haus eine eigene Heizung betrieben wurde, auf weniger als ein Hundertstel des bisherigen Wertes reduziert sein wird, sobald das letzte Haus in Bramberg an die Fernwärme angeschlossen ist.

Umweltverträglichkeit – Emissionen von Zentralheizungsanlagen in kg/TJ

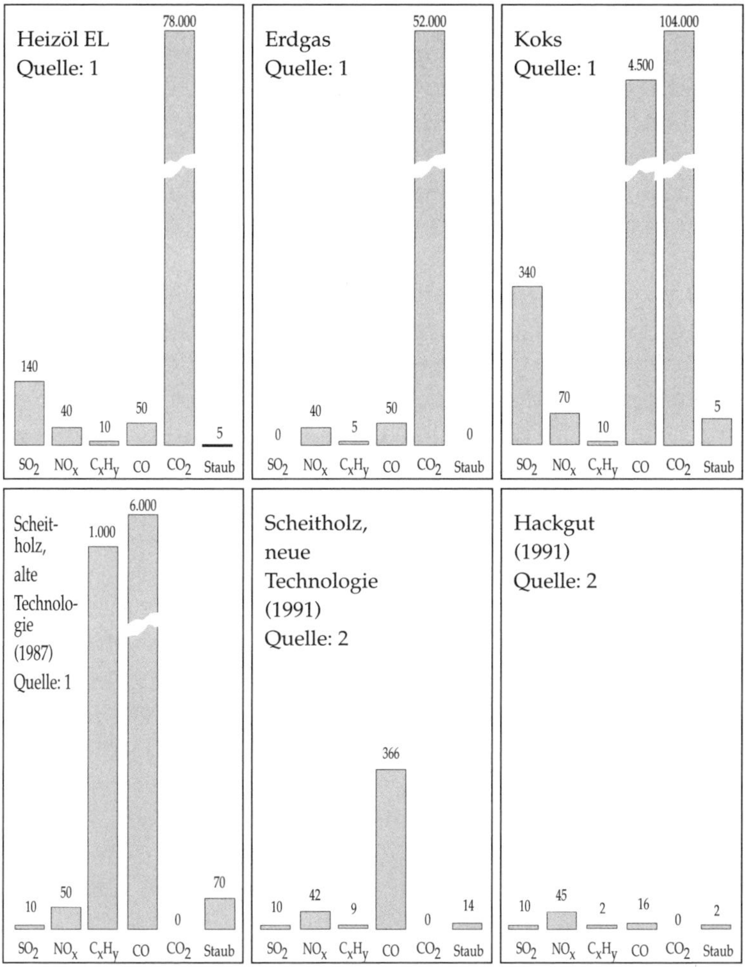


Quelle: 1) Energiebericht 1990 der Österreichischen Bundesregierung;
2) Bundesanstalt für Landtechnik Wieselburg

Die Wärme, die von der Hackgutheizung in die Häuser gelangt, ist nichts anderes als Sonnenenergie, die von den Bäumen beim Wachstum in das Holz eingelagert wurde. Ein Kreis wird geschlossen, die Versöhnung mit der Natur ist gelungen.

Diese Möglichkeit ist aber nicht nur wenigen privilegierten Gemeinden vorbehalten. Die Technik der Biomasseverbrennung hat einen Stand erreicht, der es ermöglicht, Kleinstanlagen zur Versorgung eines einzelnen Hauses mit automatischer Beschickung und Aschenaustragung zu installieren. Für jede Größe, vom Haushalt bis zum Großheizwerk gibt es die passende Anlage „von der Stange" zu kaufen. Heizen mit nachwachsender Biomasse auf Knopfdruck ist keine Utopie mehr.

Eine Hackgutheizung, wie sie in Bramberg gebaut wurde, wollten auch die Bürger des kleinen Weinviertler Weinortes Obermarkersdorf errichten und mit Pioniergeist erweitern. Sie installierten für die Wärmeversorgung ihres Dorfes eine Anlage, die neben der Biomasseverbrennung auch die direkte Nutzung der Sonnenstrahlen einbezieht.

Zur Unterbringung der „Dorfhackgutheizung" wurde ein dreischiffiges Holzgebäude mit drei parallel verlaufenden Dachgiebeln errichtet. Dieses Gebäude wäre von einem landwirtschaftlichen Bau nicht zu unterscheiden, wenn die Obermarkersdorfer nicht die südseitigen Fassaden- und Dachflächen mit Sonnenkollektoren versehen hätten. Im Inneren des Gebäudes sind neben dem Hackgutlager und Brennkesseln zwei riesige, zu zwei Dritteln in die Erde versenkte Pufferspeicher untergebracht. Das Wasser dieser Tanks wird wahlweise durch die Sonnenkollektoren oder durch die Hackgutverbrennung erhitzt und die Wärme zur Heizung und Warmwasserbereitung in die angeschlossenen Häuser gebracht. Zum Zeitpunkt der probeweisen Inbetriebnahme der Anlage (Frühjahr 1996) sind bereits

70 Häuser des idyllischen Weindorfes im Retzer Becken an die Fernwärme angeschlossen. 70 zum Teil veraltete und schlecht eingestellte Einzelheizungen wurden durch die Energie der Sonne ersetzt, die auf ein Holzgebäude scheint, und durch Hackgut, das aus Resthölzern aus dem dorfeigenen Wald gewonnen wird.

Begeisterte und überzeugte Obermarkersdorfer stehen voll hinter ihrer Heizung: „An schönen Tagen wärmt uns allein die Sonne. Wenn das Wetter schlecht, kalt oder nebelig ist, verheizen wir das Hackgut vom Abfallholz aus unserem Wald. Für dieses Holz ist in den letzten Jahren der Preis ohnehin immer schlechter geworden, sodaß es sich kaum mehr lohnte, es zu verkaufen. Jetzt können wir das Restholz sinnvoll verwenden und unsere schöne Umwelt sauber halten."

Gästen und Besuchern wird im Ort gern gezeigt, wie diese Selbsthilfe bei der Energieversorgung im Weinviertel aussieht. Daß ein Ausflug oder Urlaub im Retzer Land darüber hinaus seine Reize hat, sei nur am Rande erwähnt.

Die Nutzung sanfter Energie hat hier eine lange Tradition. Die letzte, aktiv genutzte Windmühle Österreichs kann genauso besichtigt werden wie die vielen Sehenswürdigkeiten des alten Kultur- und Weinbaulandes.

Anmerkung zur Taschenbuchauflage, die 12 Jahre nach der Erstauflage des Buches erscheint:

Dieses Kapitel ist vor mehr als 12 Jahren geschrieben worden. Der Autor hatte bereits einige Jahre vorher als Prototyp eine der ersten Hackschnitzelheizungen zur Energieversorgung im eigenen Sägewerk bauen lassen und wurde vielfach als „Spinner" bezeichnet.

Nur kurze 12 Jahre später sind Biomasseheizung mit Hackschnitzel und Holzpellets zu einer tragenden Säule der internationalen Klimaschutzpolitik geworden. Pellets haben dazu geführt, dass CO2 Emissionen beim Beheizen der Häuser wesentlich gesenkt werden konnten und dass die Waldbauern einen besseren und gerechteren Preis für ihre Resthölzer bekommen. In Österreich gibt es mittlerweile mehr Biomasseheizungen, die jedes Jahr neu installiert werden, als Ölheizungen. In nur zwölf Jahren kann eine Vision Wirklichkeit werden, wenn nur genügend Menschen die richtige Information bekommen. Möge bald der Tag kommen, an dem beim Bauen eines Hauses kein Baum mehr mit Leim vergiftet wird...

Siebentes Kapitel

# Plädoyer für das neue Leben mit Holz und Wald

In diesem Kapitel hören Sie

. . . Stimmen aus der Wissenschaft;

In diesem Kapitel lesen Sie,

. . . warum vom Menschen gemachte Normen
und Gesetze oft nicht
mit der Natur im Einklang stehen;

. . . wie man das Waldsterben
auch als Wegweiser in Richtung einer positiven
Entwicklung begreifen kann;

. . . und dringen tief
in das Mysterium Baum ein.

## Stimmen aus der Wissenschaft

Nachdem wir unsere eigene kleine Säge- und Hobelwerkstatt auf die ausschließlich chemiefreie Verarbeitung von ausgewählten und zum richtigen Zeitpunkt geernteten Bäumen umgestellt hatten, erlebten wir seitens der Wissenschaft sehr unterschiedliche Reaktionen. Alle möglichen und unmöglichen Meinungen und vor allem viele Vertreter der Kategorie „ungläubiger Thomas" lernten wir kennen.

Dennoch finden sich gerade unter Wissenschaftern immer wieder Menschen, die spüren, daß es „hinter" den Meßgeräten, Zahlen und Formeln noch viele unerforschte Dinge gibt, an die wir uns am besten mit unserem Gefühl herantasten können. Dazu ein Zitat aus einem Gespräch mit dem bekannten deutschen Physiker Prof. Furrer[1] zum Thema Holz vom richtigen Zeitpunkt:

„Es wäre vermessen, wenn ich Zusammenhänge und Phänomene ablehnen würde, nur weil sie nicht, oder noch nicht wissenschaftlich bestätigt sind. Natürlich kann ich sie auch nicht bestätigen, solange sie nicht entsprechend erforscht und erwiesen sind. Aber schauen Sie, ich bin selbst ein Naturliebhaber. Ich ließ mir einen Tisch anfertigen, dessen herrliche Maserung und Ausstrahlung mich immer wieder aufs Neue begeistern und mir Kraft und Ruhe geben, wenn ich mich allein an diesen Tisch setze und mit der Hand über die Platte streiche.

Es wäre doch verrückt, wenn ich jetzt behaupten würde, es ist unmöglich, daß natürliche Materialien wie Holz oder Stein einem Menschen Kraft geben können, nur weil der Energieaustausch zwischen diesem

---

[1] Bekannter deutscher Physiker und Astronaut, der im Rahmen eines Raumfahrtsprojektes 120mal die Erde umkreiste.

Möbelstück und dem Menschen nicht genau wissenschaftlich definiert und bewiesen ist.

Die Geschichte lehrt uns doch, daß das Gefühl und die praktische Erfahrung von oft ganz einfachen Menschen häufig der wissenschaftlichen Erkenntnis voraus waren. Die wissenschaftlichen Beweise kamen oft sehr viel später."

Soweit aus einem Gespräch des Autors mit Prof. Furrer.

## Normen, Gesetze und Dogmen – die letzte Weisheit?

Im Geist unserer technisch-wissenschaftlich geprägten Zeit liegt es, von der Beziehung zwischen Mensch und dem lebenden Werkstoff Holz nur jenen Teil zu akzeptieren und öffentlich anzuerkennen, der in Definitionen, Zahlen und Patentrezepten festzulegen ist. Viele Holzverarbeiter haben sich einzig auf Normen, Güteklassenbeschreibungen und Gesetze zurückgezogen.

Kann man einem jungen Liebespaar mit Normen und Gesetzen die harmonische Ehe auf Lebzeiten verordnen?

Es sollen hier nicht alle Gesetze, Normen und Vorschriften verteufelt werden. Aber es ist schlicht falsch und zerstörend, wenn wir den Umgang mit dem lebenden Geschöpf Baum nur auf Gesetze, Normen und Vorschriften reduzieren. Bei Bauholz die Äste zu zählen und danach eine Einteilung nach Normen und Güteklassen zu treffen, ergibt noch lange keine Holzbauten, die Jahrhunderte überdauern.

Den Menschen, die mit dem verarbeiteten Holz leben, ist nicht geholfen, wenn zwar Normen erfüllt sind, aber giftige Anstriche und Leime verwendet wurden.

Beziehungen und Sprache in der Natur sehen anders aus: Vielschichtiger, zarter, subtiler, vernetzter und doch einfach zu verstehen, wenn wir lernen, vor allem unserem Gefühl und Herz zu vertrauen und Entscheidungen nicht nur mit dem Hirn zu treffen.

Dazu ein praktisches Beispiel: Unsere Handelsgesetze und Normen, die den Schnittholzhandel regeln, geben genau an, ab welcher Stückzahl und Größe Äste in einem Brett oder Balken als Holzfehler einzustufen sind. Aus unserer Erfahrung wissen wir aber, daß gerade bei unseren anspruchsvollsten und schwierigsten Bauten die Astigkeit eines der letzten Kriterien ist, dem eine Bedeutung zukommt, um die erforderliche Qualität zu erreichen. Bei unseren Wintergärten- und Glasfassadenbauten montieren wir große Glasscheiben auf massive, unbehandelte, nicht verleimte Holzbalken. Man kann sich leicht vorstellen, daß diese Balken absolut ruhig bleiben müssen. Bei Bewegungen des Holzes etwa durch Reißen oder Verdrehen würden die großen Glasscheiben bersten. Die größten Scheiben, die wir je auf unsere Balken montierten, waren ca. fünf Meter hohe Thermoscheiben in einem Stück. Seit Jahren ruhen sie unversehrt auf den Holzträgern und haben schon viele Fachleute in Erstaunen versetzt, wie so etwas ohne verleimtes Holz möglich ist.

Bei unseren Bauten würden wir schrecklichen Schiffbruch erleiden, kämen wir auf die Idee, die erforderliche Ruhe und Dauerhaftigkeit der Holzbalken durch Sortierung nach der besten ÖNORM-Klasse oder ähnlichen Richtlinien erreichen zu wollen. In diesen Vorschriften steht nämlich kein Wort über die Holzernte zum richtigen Zeitpunkt, über die Auswahl der Bäume, die auf ruhigen und harmonischen Böden gewachsen sind, nichts von völlig verschiedenen Holzqualitäten, die einerseits ausgereifte und andererseits halbwüchsige Bäume ergeben. Nichts von den Welten, die zwischen der in diesem Buch beschriebenen, natürlichen Holztrocknung und der nach betriebswirtschaftlichen Maßstäben sinnvollen superschnellen, technischen Trocknung liegen.

In unserem eigenen Wintergarten habe ich als Glasträger Balken eingebaut, die bis zu 10 cm große „Flügeläste" aufweisen. Laut Norm wären das schwere Holzfehler. Dennoch erfüllen diese Balken seit Jahren ihre anspruchsvolle Aufgabe und ich weiß, daß sie auch noch einigen Generationen nach mir diesen Dienst erweisen werden. Die Äste sind Organe des Baumes, die zum Holz gehören. Auf ihnen bauten die Vögel ihre Nester und sie sind es, die für meine Kinder das Holz lebendig und die Baumgeheimnisse anschaulich machen. Die Astmaserung gehört zum Zauber des Holzes und der Bäume.

Hätte ich für den Wintergarten Holz genommen, das zwar keinen Ast aufweist, aber zu einem falschen Zeitpunkt, mitten im Saftstrom geerntet wurde, das zu jung aus einer unnatürlichen Monokultur kam und technisch viel zu schnell getrocknet wurde, das im Wald gegen Borkenkäferbefall mit Gift bespritzt und in irgend einem Sägewerk noch einmal gegen Bläuepilzbefall in eine Fungizidbrühe getaucht wurde, könnte dieses Holz immer noch der besten Norm-Güteklasse entsprechen. Trotzdem würde ich aus derart mißhandelten Balken keinen Wintergarten bauen.

Ich hätte größte Sorge, daß die Glasscheiben brechen, die natürliche Widerstandskraft des Holzes gegen Insekten und Pilze gering ist und daß vielleicht meine Kinder Schaden an den noch vorhandenen Giftresten nehmen. Das Werkzeug der Normen und der gesetzlichen Holzgüteklasseneinteilung ist zu stumpf und zu einseitig, um einer natürlichen, baumgerechten und in Kreisläufen denkenden Holzverarbeitung gerecht zu werden.

Aber nicht nur Industrienormen, sondern auch Regeln, die mit der Natur zu tun haben, sind fragwürdig, wenn sie einseitig, mit Fanatismus und Engstirnigkeit befolgt werden. Mondkalender, Angaben über Sternbilder, Jahreszeiten, Baumartenauswahl und ähnliches sind wunderbare Hilfen für unsere Freundschaft mit der Natur. Immer wieder lerne ich jedoch Menschen kennen, die jetzt die „alten Industrienormen“ einfach gegen den „neuen“ Mondkalender austauschen und engstirnig, zum Teil auch fanatisch, alle Herausforderungen und Aufgaben, die uns das Leben täglich stellt, in dieses Schema pressen wollen. Ein gleichermaßen fragwürdiger Versuch der Vereinfachung wie einseitige technische Normen.

Immer hören wir die Frage: „Wann genau ist der Tag, an dem ich das Holz fällen muß, damit es sich nicht mehr bewegt, nicht brennt, nicht reißt, nicht fault, nicht wurmt und . . .?“ Gut mit Holz zu leben, eine Freundschaft zu leben, heißt mehr, als nur einen Holzerntetag als Patentrezept zu beachten und alle anderen Fragen von der Baumauswahl über Lagerung, Trocknung und Konstruktion bis hin zur Verarbeitung außer Acht zu lassen.

Es hat noch keiner Freundschaft gut getan, wenn sie von Fanatismus, Unfehlbarkeitsansprüchen und engstirniger Einseitigkeit geprägt ist. Freundschaft kann nicht verordnet werden. Freundschaft hat mit Liebe und rücksichtsvoller Sympathie zu tun. Das betrifft auch unsere Freunde Baum und Holz.

## Waldsterben – Bedrohung oder Wegweiser?

Anfang der achtziger Jahre wurde das Thema Waldsterben durch Presseberichte erstmals ins Bewußtsein der Bevölkerung gerückt. Meldungen, denen zu Folge in Europa heute kein einziger Baum mehr stehen dürfte, wechselten sich mit Beschwichtigungen und Verniedlichungen des Problems ab.

Heute, 15 Jahre später, liegen uns verschiedene Studien von Regierungen und Forstbehörden vor. Wir kennen regional dramatische Auswirkungen wie zum Beispiel im Erz- und Riesengebirge, wo ganze Höhenzüge baumlos geworden sind und versteppen. Auch das Krankwerden und Sterben einzelner Baumarten haben wir registriert. Ulmensterben, Eichen- und Tannensterben sind einige Beispiele dafür.

Andererseits steht der größte Teil unserer Wälder trotz der Sturmkatastrophen im Februar 1990 (Orkanstürme Vivian und Wibke) immer noch gut da. Forstwirte haben viel dazugelernt und pflanzen in Mitteleuropa (fast) keine unnatürlichen Monokulturen mehr.

Ist das Waldsterben noch ein Thema oder ist es keines mehr? Unsere technisch orientierte Welt, in der die meisten Entscheidungen mit der logischen, linken Gehirnhälfte getroffen werden, hat versucht, das Phänomen Waldsterben mit Schadenserhebungen, Prozentzahlen und Statistiken zu erfassen. Aber genau hier liegt der große Fehler, den wir dem Wald gegenüber begehen. Ein Fehler, der mindestens so groß ist wie das Pflanzen von Fichtenmonokulturen vor zwanzig, fünfzig und hundert Jahren.

Stellen Sie sich vor, Ihr Kind hätte Masern. Der Arzt kommt und macht tagelang nichts anderes, als mit größter bürokratischer und statistischer Genauigkeit die roten Punkte auf der Haut Ihres Kindes zu zählen. Hätten Sie Vertrauen zu diesem Arzt? Ähnlich geht es unserem Wald. Mit Statistiken allein kann ihm nicht geholfen werden.

Denken Sie daran, daß jeder Baum ein wunderbares Lebewesen ist, das Himmel und Erde verbindet. Die Gemeinschaft all dieser Lebewesen und aller anderen Pflanzen und Tiere, die im Schutz der Baumkronen leben – das ist unser Wald. Wann geht es einem Lebewesen gut? Wann geht es Ihnen gut? Wann geht es Ihren Kindern gut? Was ist die Grundlage Ihrer Gesundheit und Ihres Gücks? – Wenn Sie geliebt werden und wenn Sie Ihre Liebe weitergeben können.

Um wieder ins Reich der Pflanzen zurückzukommen: Bekanntlich haben immer jene Menschen die schönsten Blumen, die mit ihnen sprechen, sie berühren – sie gern haben.

Warum legen wir dies nicht auf unsere Wälder um? Lieben wir unseren Wald. Wenn wir unseren Wald lieben, wird es uns auch persönlich besser gehen.

Wie soll das aber im täglichen Leben aussehen, den zu Wald lieben? Etwas zu lieben, heißt immer, das Geliebte unverrückbar in sein Leben einzubeziehen. Der Mensch oder das Objekt unserer Liebe darf niemals aus unserem Leben verbannt werden. Aber genau daran ist unser Wald in Wirklichkeit erkrankt. Luftverschmutzung und Borkenkäfer sind lediglich Folgeerscheinungen, die etwas nachvollziehen, das schon vorher in den Herzen der Menschen geschehen ist.

Denken Sie an die großen Bisonherden in der nordamerikanischen Prärie. Solange die dort ansässigen Indianderstämme ihre Bisons geliebt, geachtet und respektvoll genutzt haben, ging es den Bisons und den Indianern gut. Ein Gleichgewicht konnte sich durch Jahrhunderte erhalten. Das Fleisch der Bisons ernährte die Indianer, die Häute gaben ein Dach über dem Kopf. Mit den weißen Siedlern kamen Menschen, die eine andere Lebensgrundlage hatten und die die Bisonherden nicht mit dem Herz der Indianer verstehen konnten. Nachdem die Bisons in den Herzen der immer stärker dominierenden weißen Bevölkerung keinen Platz hatten, war der Schritt zur Ausrottung nur mehr ein kleiner.

Die Gefahr, aus unserem Herzen zu verschwinden, bedroht auch unsere Wälder. Nicht der Borkenkäfer. Denn Insekten gehören zur Lebensgemeinschaft Wald wie ein Singvogel, Fuchs oder Reh. Die wirkliche Ursache des Waldsterbens liegt darin, daß wir glauben, die Bäume in unserem täglichen Leben nicht mehr zu brauchen. Aber wer glaubt, die Bäume nicht mehr zu brauchen, kümmert sich nicht mehr um sie. Sich nicht mehr zu kümmern, heißt, nicht mehr zu lieben.

Gefährlich für unseren Wald wird es dann, wenn unsere Kinder nicht mehr in Holzhäusern oder mit Möbeln aus Holz aufwachsen. Wenn sie den Zauber der Maserung auf Holzfußböden, Spielsachen, Musikinstrumenten und Kunstgegenständen nicht mehr kennenlernen können. Mädchen und Buben, die eine ganze Kindheit lang Plastik an Stelle von warmen Holzoberflächen „begreifen", Kinder, die Betonpfeiler und Eisentraversen an Stelle von phantasievoll gemaserten Holzbalken in ihr Herz schließen müssen, werden es später schwer haben, einen freundschaftlichen Zugang zu Bäumen, Wäldern und ihren Geheimnissen zu finden. Erinnern Sie sich noch an einen Holzgegenstand, den Sie in Ihrer Kindheit oft berührt haben? Erinnern Sie sich noch an die Fußbodenbretter oder Möbel im Schlafzimmer, die Sie jeden Tag beim Einschlafen vor Augen hatten und in deren Ästen und Maserung Sie Gesichter, Tiere und andere Phantasiegestalten erblickten?

Unbewußt erleben wir auf diese Weise jeden Tag, das Umgebensein von der großen Natur. Können wir darauf verzichten?

Gefährlich für unseren Wald wird es dann, wenn wir das Holz seiner Bäume nur mehr als billigen Rohstoff sehen und nicht mehr als Geschenk des Himmels.

Gefährlich für unseren Wald wird es dann, wenn wir aus Profitgier große Flächen kahlschlagen anstatt reife Bäume dort zu ernten, wo die jungen Pflanzen bereits auf Licht und ihre Lebenschance warten.

Gefährlich für unseren Wald wird es dann , wenn Holzverarbeitungsindustrien Holz mit chemischen Mitteln in Sondermüll verwandeln und den Weg der Bäume zurück zum Humus verhindern.

Doch wir können diese Bedrohungen auch als Wegweiser deuten. Als Wegweiser in eine andere Richtung: Nutzen wir Bäume und Holz mit Freude und Respekt und schließen wir sie in unser Leben ein. Dann wird es unserer Gesellschaft leichter fallen, für gesunde Lebensbedingungen der Wälder zu sorgen. Sinnvolle Holzverwendung bedeutet auch enorme Energieeinsparung und saubere Luft.

Am besten wird der Wald behandelt, wenn Holz im Leben der Menschen eine wichtige Rolle spielt. Wenn es Handwerker gibt, die mit Holz umgehen können und wenn die Menschen das Geschenk Wald und Holz annehmen.

Den Wald zu schützen heißt, die Geschenke des Waldes anzunehmen und sinnvoll zu nutzen.

## Mysterium Baum

Herrlich ist so ein Leben mit schönen Häusern, Möbeln und Fußböden – aus Holz. Aber dazu muß man doch wunderbare, lebende Geschöpfe – die Bäume – umschneiden. Darf man das?

Wann beginnt dieses Leben? Wenn der Samen in der Erde keimt? Oder schon, wenn die Eichel, Buchecker, Zirbelnuß oder ein geflügelter Samen auf die Erde fällt? Oder vielleicht schon, wenn dieser Samen auf dem Mutterbaum seiner Bestimmung entgegenreift?

Oder vielleicht noch früher, wenn die Erbinformation für die kommende Blüte und Samenbildung festgelegt wird? Ist diese Grenze des Lebensbeginns überhaupt auf einen bestimmten Zeitpunkt festzulegen?

Der Versuch, das Mysterium des Lebewesens Baum zu erfassen, führt uns in eine Vielzahl bezaubernder Kreisläufe. Als aktives und lebendiges Wesen erschließt der Baum mit seinen Wurzeln eine uns unbekannte, dunkle Welt. Eine Welt, aus der wir kommen, und in die wir wieder zurückkehren werden. Eine Welt, die wir gern aus unseren Gedanken verdrängen. Vielleicht denken wir deshalb nicht so gern an dieses finstere Erdenreich, weil es uns so sehr an unsere eigene Vergänglichkeit erinnert.

Mit seinen Wurzeln durchdringt der Baum diese Welt. Er verändert sie und tauscht sich mit ihr aus. Fest verwachsen im irdischen Reich der Dunkelheit, wächst der Stamm in ein ganz anderes Element hinaus. Er trägt Äste mit Nadeln oder Blättern, mit Blüten und Früchten zum Himmel, dem Licht und der Sonne entgegen. Spiegelgleich zu den Wurzeln in der Erde tauschen sich Blätter und Nadeln mit Licht und Luft, mit Wind und Wetter aus. Stofflich, chemisch durch Kohlendioxydaufnahme und Sauerstoffproduktion, aber auch sinnlich, seelisch, indem sie durch Form, Farbe und Geräusch auf die Sinnenswelt von Mensch, Tier und Pflanze Einfluß nehmen.

Als Beispiel für die Vielzahl der Pfade, auf denen sich Bäume mit ihrer Umwelt austauschen, sei hier auf die in Amerika erforschten Zusammenhänge zwischen Tonfrequenzen des Vogelgesangs und der Entwicklung von Pflanzenzellen verwiesen. Für eine gute Entwicklung brauchen Bäume auch den Gesang der zur Lebensgemeinschaft Wald gehörenden Vögel.

In dieser Untersuchung[1)] wurde festgestellt, daß bestimmte Pflanzenzellen bei bestimmten Tonfrequenzen des Vogelgesanges Wasser und Nährstoffe besser aufnehmen. Mit einfachen Worten: Der Gesang der Vögel läßt Pflanzen besser wachsen.

Darüber hinaus gibt es noch eine Fülle von Verflechtungen der Bäume mit ihrer Lebenswelt, für die uns ganz einfach die Sinne oder zumindest die Worte

---

1) Peter Tompkins und Christopher Bird: Die Geheimnisse der guten Erde,München, 1991

fehlen. Wer kennt nicht das leichte, befreiende Glücksgefühl, das der Anblick eines blühenden Kirschbaumes im Frühjahr in uns weckt? Oder den Hauch von Urgewalt, der uns berührt, wenn eine riesige Eiche mit ihrer unendlichen Standfestigkeit einem Herbststurm trotzt? Kennen Sie das zarte Säuseln der Espenblätter im Herbstwind? Die Sprache der Bäume ist wunderbarer und vielschichtiger als eine Feder es jemals niederschreiben könnte.

Die leichten, lichten und luftigen Kräfte des Himmels werden von den Blättern, Nadeln und Ästen der Baumkrone eingefangen. Über den Stamm und die Wurzeln gelangen diese Kräfte in das entgegengesetzte Element Erde. Sauerstoff, Fruchtbarkeit und Leben erreichen die tief durchwurzelten Erdschichten. Mit diesen Lebenskräften der fruchtbaren Erde treiben die Samen der alten Baumriesen wieder junge Baumkronen dem Licht und der Sonne entgegen. Ein Kreis wird geschlossen.

Jedes einzelne Naturschauspiel Baum ist eine Durchlichtung der irdischen Dunkelheit und eine Umwandlung der luftigen Kräfte des Himmels in feste Formen. Die Energie des Himmels strömt durch den Baum in die Erde. Finsternis und Licht ergänzen einander, damit ein Baum Baum ist, damit ein Baum lebt.

Baumleben – ein lebender Baum ist viel mehr als eine Anhäufung von Holzzellen oder das Aneinanderreihen biologischer Reaktionen. Eine Vielzahl von wunderbaren Kreisläufen, polaren Gegensätzen, Spannungen, Rhythmen, Ausgleichs- und Pendelbewegungen stehen hinter dem Mysterium Baum.

Entscheidend bei der Frage nach Leben und Tod von Bäumen ist nicht der Entwicklungsstand des Einzelbaumes, der sich in einem unendlichen Kreislauf befindet. Entscheidend ist sein Mysterium.

Einen Baum zu ernten heißt nicht, ihn zu vernichten. Die Zerstörung würde mit der Zerstörung seines

Mysteriums beginnen, mit dem Auslöschen der Idee vom unendlichen Kreislauf, der Idee der Verbindung von Himmel und Erde durch das Wesen Baum.

In verschiedenen Religionen hat der Baum eine zentrale Bedeutung: Er ist ein Symbol des Lebens.

Im Buch Genesis steht:

*Gott, der Herr ließ aus dem Ackerboden*
*allerlei Bäume wachsen, verlockend anzusehen*
*und mit köstlichen Früchten,*
*in der Mitte des Gartens aber den Baum*
*des Lebens und den Baum der Erkenntnis*
*für Gut und Böse.*

Dieses Motiv des Baumes als Lebenssymbol finden wir auch im Hinduismus mit dem heiligen Feigenbaum, im Islam, in indianischen Kulturen und bei den Germanen. Der Baum als Lebenssymbol stirbt nicht durch die Ernte, sondern dann, wenn ihm seine Verknüpfungen, seine Rhythmen und Aufgaben in der Welt genommen werden und wenn er aus dem Leben der Menschen verbannt wird.

Erfreuen wir uns an unseren Bäumen und ernten wir ihr Holz, wenn es reif geworden ist. Nehmen wir das Holz unserer Bäume an und schließen wir damit ihr Mysterium in unser Leben ein. Sorgen wir dafür, daß das Holz nach seinem Gebrauch den vorgesehenen Kreislauf schließen und wieder zu Humus werden kann. Wer dieses Geheimnis bewahrt, trägt das Wunder der Bäume in sein eigenes Leben hinein.

Welchen Wert hat nun das Wissen vom Leben unserer Bäume in der praktischen Holzverarbeitung, für den Bauherrn und Möbelkäufer? Aus der Baubiologie wissen wir, daß naturbelassenes Holz ein lebendiger Werkstoff ist. Lebendig im Sinne des Mysteriums Baum: Holz tritt in rhythmische, schwingende und ausgleichende Beziehungen zu Mensch und Umwelt. Unbehandeltes Holz atmet, nimmt Feuchtigkeit auf, gibt diese wieder ab und tritt zu uns Menschen durch Farbe, Form und durch den Geist, mit dem es verarbeitet wurde, in sinnlichen Kontakt.

Ein Möbelstück oder Fußboden kann uns beruhigen, aufbauen, erfreuen, Kraft geben, aber auch frustrieren, beunruhigen und schwächen. Entscheidend ist dabei die Frage: Was wurde mit dem Holz gemacht, wie wurde es behandelt und verarbeitet?

Wer Holz mit giftigen Stoffen behandelt oder bearbeitet, tötet den Baum. Das Mysterium Baum erlischt und der Baum stirbt, wenn wir ihn aus seinem unendlichen Kreislauf entfernen. Das geschieht, wenn wir Holz so behandeln, daß es den Weg zum Humus nicht mehr findet.

Wenn aber Holz ohne synthetische Chemie verarbeitet wird, sodaß es über Kompostierung oder Verbrennung den Weg in den natürlichen Kreislauf finden kann, bleiben seine Lebensfunktionen intakt.

Einen Baum zu ernten, heißt nicht, ihn zu töten. Das Niederbrechen eines reifen Baumes ist ein Lebensvorgang, den auch die Natur vorsieht! Humus, der aus den alten Bäumen entsteht, ist die Lebensgrundlage für die jungen Bäume, für das Leben, das sich ständig im Fluß befindet.

Wer Holz mit Achtung vor der Natur verarbeitet, mit ihm lebt und es wieder in den Kreislauf der Natur zurückgibt, erhält unsere Bäume und den Wald.

## Zum guten Schluß

Bäume sind die Verbindung zwischen den himmlischen, luftigen und lichten Elementen und den irdischen, schweren und dunklen Kräften der Erde. Es ist ihr Wesen und ihr Geheimnis, durch diese Verbindung beiden Welten zu beleben, zu bereichern, auszutauschen und dadurch zu bewahren.

Nehmen wir uns dieses Wunder der Natur zum Vorbild. Geben wir unserem Leben die neue Dimension, so wie die Bäume ein Bindeglied zu sein. Verbinden wir die Schätze der Natur, die wir in Fülle übernehmen konnten, mit den Generationen, die nach uns kommen.

Dieser Weg ist einfach zu gehen. Gleichgültig, ob als Mutter, die Spielzeug für ihr Kind sucht, ob als Bauherr, Handwerker, Architekt, Säger oder als Förster im Wald. Jeder kann an seinem Platz an dieser großen Aufgabe mitwirken: Schließen wir das Geschenk unserer Wälder, den wunderbaren Stoff Holz, in unser Leben ein. Bringen wir auf diese Weise alle Wunder und Geheimnisse der Bäume in unsere Herzen.

Wir können Holz ohne synthetische Chemie verarbeiten, sodaß es von jahrhundertelanger Dauerhaftigkeit ist und nach Gebrauch wieder zu Asche und Humus werden und die nächsten Baumgenerationen ernähren kann – ein Kreislauf wird geschlossen.

Bereichern, beleben und bewahren wir durch unser bewußtes Handeln die Schätze der Natur, die unsere Kinder übernehmen sollen. Erfüllung, Lebensfreude und ein großer Schritt weiter auf der Suche nach unserem eigenen Geheimnis werden der Lohn sein.

## Dritter Teil

# Informationen & Service

Nicht jeder kann – wie ich – zu seinem Opa gehen, wenn er wissen möchte, an welchem Tag Bauholz geerntet werden soll, wie lange die Pfosten an der Luft trocknen müssen, bis sie zu Möbeln verarbeitet werden können, oder ob es notwendig ist, die Schalungsbretter der Hausfassade zu streichen.

Dieses Buch soll Ihnen Anregungen geben, damit Sie die Natur auf die gleiche Weise in Ihr Leben einbeziehen können wie das mein Opa getan hat. Neue Wege zu gehen, bedeutet aber immer auch Veränderung und Überwinden von Trägheit. Es wird Sie daher nicht jeder Holzhändler oder Handwerker „umarmen“, wenn Sie mit der Checkliste und mit dem Fragenkatalog dieses Nachschlageteils zu ihm kommen.

Damit Sie es bei der Umsetzung Ihrer Wünsche leichter haben, stehen Ihnen auch die beiden Servicekarten am Ende des Buches zur Verfügung. Mit diesen Karten können Sie Informationen und Kontaktadressen von Betrieben anfordern, die mit Ihren Anliegen umzugehen wissen. Zusätzliche Karten für Freunde und Bekannte können Sie beim Verlag oder beim Autor anfordern.

# Holz - ein besonderes Material

Holz ist kein gleichförmiges Material wie etwa Metall, Glas oder verschiedene Kunststoffe, sondern eine aus Zellen, Poren, Kapillaren und verschiedensten Inhaltsstoffen aufgebaute, organische Masse. Dieser Aufbau bringt uns Menschen eine Fülle phantastischer Werkstoffeigenschaften.

Der Zusammenhang zwischen Festigkeit und Rohdichte verschiedener Baustoffe läßt sich mit der „Reißlänge" anschaulich darstellen. Die Reißlänge ist jene theoretische Länge, bei der ein frei aufgehängter Stab durch sein Eigengewicht abreißt.

Bei Stahl beträgt diese Länge je nach Stahlqualität 4–8 km, bei Aluminium 11 km, bei Holz je nach Art und Struktur 11–30 km[1].

Ähnlich hervorragende Werte erreicht der Baustoff Holz auch beim Zusammenhang zwischen Volumen bzw. Gewicht und der Fähigkeit, Schall zu isolieren und Wärme zu dämmen.

## Arbeiten des Holzes

Runde Stämme und frisch gesägte Bretter haben einen höheren Wassergehalt als Holzmöbel und verbautes Holz. Feuchtes Holz trocknet, bis es einen beinahe gleichbleibenden Feuchtigkeitwert erreicht hat, der dem Umgebungsklima angepaßt ist. Diese Trocknung ist die Ursache für einen Volumensverlust, für das Schwinden und verschiedene Bewegungen des Holzes.

[1] Prof. Dr. Hans Hartl, Holz Kurier Nr. 16, 21. April 1994

Schauen wir uns diesen Schwund näher an:

frisch geschnittener Stamm:

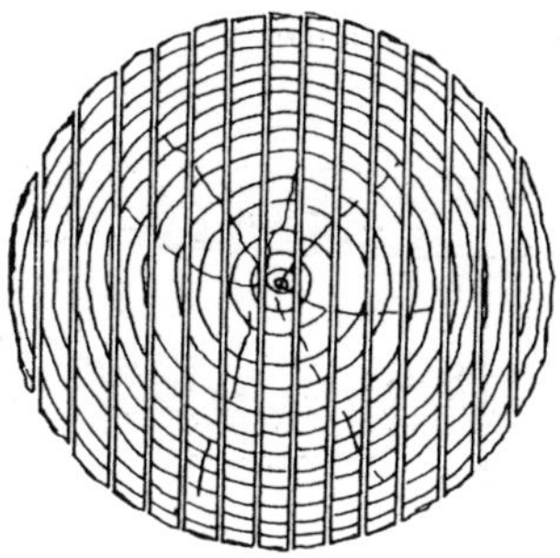

derselbe Stamm einige Monate oder Jahre später:

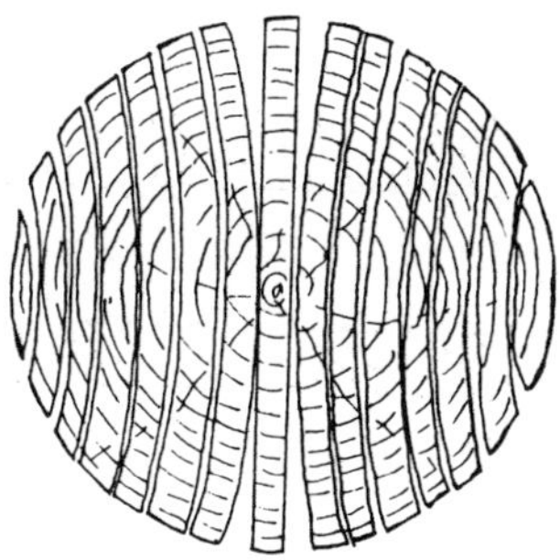

Das ältere Holz in Kernnähe ist weniger geschwunden als das junge Holz am Rand. Bei einem runden Stamm oder einem stärkeren Stück Kantholz spannen sich die äußeren, jüngeren Jahresringe um die inneren, älteren Jahresringe wie die Reifen, die ein Faß zusammenhalten. Diese Spannung steigt, bis es zur gewaltsamen Entspannung durch Kernrisse kommt.

Bei kernfreiem Kantholz entstehen diese Entspannungsrisse in viel geringerem Umfang:

Ein Brett mit liegenden Jahresringen („Flader“) schwindet bei der Trocknung ca. doppelt so stark (um 8–10 %) und wölbt sich mehr . . .

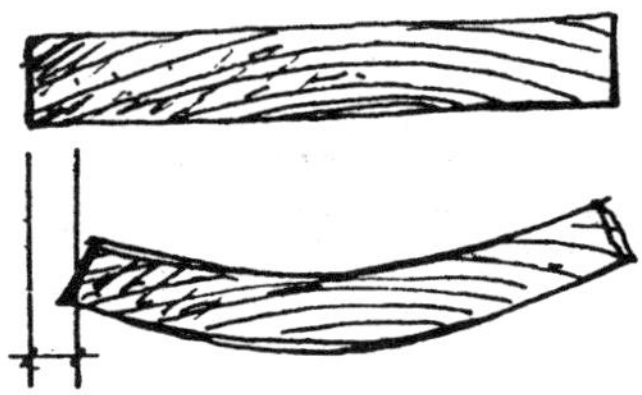

. . . als ein Brett mit stehenden Jahresringen („Riftbrett“). Dieses schwindet nur um ca. 5 % und wölbt sich kaum.

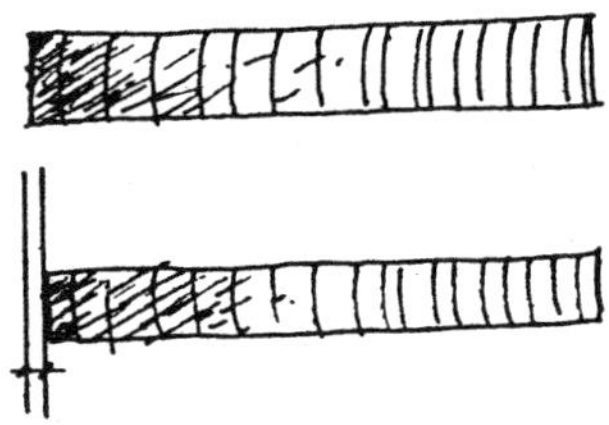

All diese Bewegungen des Holzes bei Feuchtigkeitsveränderungen nennt man „Arbeiten“. Die Art, wie wir diesen Bewegungen des Holzes begegnen, unterscheidet die natürliche Holzverarbeitung vom Einsatz „harter“ Chemie.

Ruhiges Holz kann – ohne großflächige Verleimungen – durch Holzernte zum richtigen Zeitpunkt, richtige Baumauswahl und langsame Trocknung erreicht werden.

Gut zum Thema „Arbeiten des Holzes“
passen diese Zeilen eines unbekannten Dichters:

*Die Fuge*

*Gott schuf das Holz, mal hart, mal weich,*
*doch eins, sprach er, ist immer gleich,*
*es wird nie rasten und nie ruh'n,*
*wird arbeiten, wird stets was tun.*

*Und so gab er dem Holz die Zellen,*
*jetzt konnt' es schwinden und auch quellen,*
*doch als es schwand, wurd's plötzlich klar,*
*da war ein Stück, wo nichts mehr war.*

*Und da sprach unser Herr, der kluge:*
*Mein liebes Holz, das ist die Fuge.*
*Trag sie mit Achtung und mit Stolz,*
*an ihr erkennt man dich als Holz,*
*auch Fugen sind ein Stück Natur,*
*begreif es Mensch, sei nicht so stur.*

Zur Verfügung gestellt von:
Tischlermeister
Andreas Scheiblmasser, Baden

## Fragen, die Sie beim Holzeinkauf stellen sollten

Stellen Sie sich folgendes vor: Sie möchten Ihren alten Teppichboden gegen einen Holzfußboden austauschen. Schnelligkeit wird oft als Qualitätsmerkmal unserer Zeit angesehen. In diesem Sinne können Sie schnell den nächsten Baumarkt oder Parkettgroßhandel aufsuchen und dort zwischen verschiedenen Farben und Preisklassen schichtverleimter Fertigparkettböden Ihre Wahl treffen und den Boden gleich mit nach Hause nehmen. Aber es bleiben Fragen offen: Wissen Sie, wo das Holz für Ihren Boden gewachsen ist? In Übersee, in den Tropen, in Rußland oder im hohen Norden? Wissen Sie, welche Inhaltsstoffe in den Leimen der Holzplatten, in den Farben und Oberflächenbeschichtungen enthalten sind? Gibt es ausgasende Gifte in Ihrem Boden? Kann dieses Material kompostiert oder verbrannt werden, ohne daß dabei Mensch und Umwelt belastet werden?

Es gibt sogar Lieferanten (siehe Servicekarte), bei denen Sie ein Photo von dem Wald erhalten, in dem Ihr Boden „gewachsen" ist. Vielleicht machen Sie einen Ausflug dorthin, um die Landschaft in sich aufzunehmen – als Teil, der zu Ihrem Fußboden gehört.

Sie können Ihren Boden mit Naturharzölen und Wachsen behandeln, anstatt ihn mit Lacken zu versiegeln. Dann wissen Sie auch, daß der Boden irgendwann in den Kreislauf der Natur zurückkehren kann.

Zu schön, um wahr zu sein? Wer sein Ziel genau kennt, hat den halben Weg schon hinter sich. Beim Vorhaben, das beste Holz zu bekommen, soll Ihnen der folgende Fragenkatalog eine Hilfe sein. Falls Ihnen der Aufwand für die Prüfung und Sortierung der verschiedenen Angebote zu groß ist, können Sie immer noch auf die Servicekarten am Ende des Buches zurückgreifen.

Gleichgültig, ob Sie sich ein Nachtkästchen kaufen möchten oder ob Sie beabsichtigen, ein ganzes Holzhaus zu bauen: Um eine Holzqualität im Sinne dieses Buches zu bekommen, ist es vor der Entscheidung, welchen Lieferanten Sie auswählen, hilfreich, über die nachstehenden Fragen nachzudenken.

### 1) Die Herkunft des Holzes?

Holztransporte von einem Kontinent zum anderen belasten die Umwelt und kosten Energie. Weiters sollten Sie als Kunde sicher sein, daß Ihr Holz nicht aus radioaktiv verseuchten Gebieten[1] stammt. Es ist wichtig, daß das Holz aus nachhaltig genutzten Wäldern und nicht aus Raubbaugebieten kommt, in denen auf Wiederaufforstung und Nachwuchspflege der Wälder nicht geachtet wird.

**Mein Tip:** Mit der Entscheidung für heimisches Holz schalten Sie diese Risikofaktoren aus, ohne mühsame Nachforschungen bei oft schlecht informierten Verkäufern anstellen zu müssen!

### 2) Das Alter der Bäume?

Die Reife des Holzes ist mitbestimmend für dessen Dauerhaftigkeit und Ruhe. Eine Faustregel für gutes Holz: Nadelbäume sollen älter als 120 Jahre sein. Schnellwachsende Laubbäume, wie etwa Birke und Erle: älter als 50 Jahre; mäßig und langsam wachsende Laubbäume, wie etwa Ahorn, Esche, Buche, Eiche, Ulme: ab 100 bis 200 Jahre.
Diese Angaben sind Anhaltspunkte für anspruchsvolle Verarbeitungszwecke.

---

[1] etwa aus der ehemaligen Sowjetunion

## 3) Chemie im und am Holz?

Wald – keine Insektizide gegen Borkenkäfer!

Transport – im Container übers Meer transportiertes Holz wird wegen des extremen Klimas im Container vielfach vorbeugend mit Holzschutzmitteln behandelt. Ebenso Rundholz, das auf dem Weg vom Wald zum Sägewerk nationale Grenzen überschreitet.

Sägewerk – keine Fungizide am Schnittholz (Tauchimprägnieren!), keine Holzschutzmittel am Rundholzlagerplatz.

Weiterverarbeitung – besondere Vorsicht bei Kunstharzleimen mit den Wirkstoffen Formaldehyd und Isocyanat.

Oberflächen – Holzoberflächen sollen mit natürlichen Ölen, Harzen & Wachsen behandelt werden, nicht mit synthetisch-chemischen Lacken.

Wenn Sie jeden Zweifel ausschließen wollen, wählen Sie einen Lieferanten, der Ihnen schriftlich bestätigt, daß auf den Einsatz von synthetisch-chemischen Mitteln bei der Holzverarbeitung verzichtet wurde.

## 4) Das richtige Holz für Ihren Zweck?

Anspruchsvolle Massivholzbauten erfordern ruhig gewachsene Bäume. Wenden Sie sich an einen guten Fachmann (siehe Adressenliste).

Härte – für stark beanspruchte Flächen wie Böden sind harte Hölzer wie Buche, Eiche, Esche, etc. in massiver Ausführung die (auch ökologisch) beste Wahl. Vermeiden Sie Beschichtungen, um härtere Oberflächen zu bekommen.

Natürliche Verwitterungsfestigkeit – verwenden Sie im Freien verwitterungsfestes Lärchen-, Eichen- oder Robinienholz (unbehandelt).

5) **Holzerntezeitpunkt?**

Ruhe und Dauerhaftigkeit Ihres Holzes können Sie durch die richtige Holzernte unterstützen. Achten Sie auf folgende Kriterien für Bau- und Möbelholz:

1. richtige Jahreszeit (Winter)
2. richtige Mondphase (abnehmender Mond bzw. Neumond)
   (Siehe Tabelle „Holzerntetage für gutes Bau- und Möbelholz“, Seite 184)

6) **Ist die ausgewählte Holzart für Ihren Geschmack, Ihre Seele und Ihre Gesundheit die richtige Wahl?**

Den richtigen Baum zu wählen, bedeutet Energie, Ausgeglichenheit, Harmonie und Lebensqualität. Überlegen Sie, welcher Baum am besten zu Ihnen paßt. Es ist ein Unterschied, ob Sie z. B. auf einem Lärchen- oder Eichenboden leben.

**Mein Tip:** Treffen Sie diese Entscheidung in der freien Natur, unter Bäumen. Sie werden spüren, welcher Baum auf Sie die beste Wirkung hat.

In meinem zweiten Buch sind wertvolle Hinweise dazu enthalten:
Erwin Thoma
**Und Du begleitest mich**
Das Geheimnis der Bäume

Mit der dem Förster und Holzfachmann eigenen, klaren Sprache ist ein Werk entstanden über den Zauber, die Wirkung und die Kräfte, die von einzelnen Baumarten ausgehen.
Zu bestellen ist dieses Buch im Forschungszentrum Goldegg: Tel. 0043 (0) 6415/8910
Homepage: www.thoma.at , Mail: info@thoma.at.

7) **Kann das Holz, nachdem es seinen Zweck erfüllt hat, durch Kompostierung oder Verbrennung ohne giftige Abgase wieder zu Asche und Humus und damit zur Nährstoffgrundlage für neue Bäume werden?**
Durch den konsequenten Verzicht auf den Einsatz synthetischer Chemie ist diese Frage positiv beantwortet.

8) **Wurde die richtige Einschnittart gewählt?**
Einige Beispiele: kernfreier Einschnitt für Kanthölzer in Wintergärten etc.; stehende Jahresringe für Holzfußböden im Badezimmer.

Kantholz mit Kern reißt.

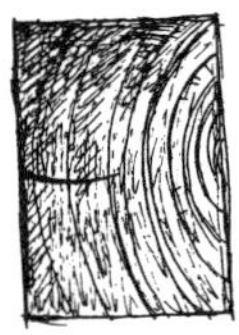

Kernfrei geschnittenes Kantholz ist viel ruhiger.

Stehende Jahresringe für Holzfußböden im Badezimmer.

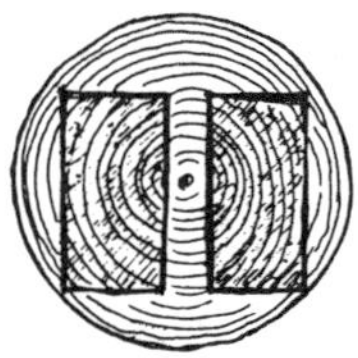

Kernfreier Einschnitt für Wintergartenholz.

Abdeckpfosten für Balkongeländer.

# Checkliste
# für den Holzeinkauf

Eine weitere Entscheidungshilfe für Ihren Holzeinkauf bietet die nachstehende Checkliste. In manchen Spalten finden Sie zwei verschiedene Symbole. Diese Wahl ist eine Entscheidung Ihres persönlichen Geschmacks und Lebensstils.

Die Checkliste versteht sich als Gedankenstütze, damit es Ihnen beim Leben mit Holz gut geht und nicht als Norm, die stur einzuhalten ist.

Erwarten Sie aber nicht, daß Sie mit den Wünschen aus dieser Liste bei jedem Handwerker offene Türen einrennen. Viele Firmen werden überfordert sein. Sollten Sie keinen geeigneten Partner oder Lieferanten finden, so steht Ihnen die Servicekarte am Ende des Buches zur Anforderung von Kontaktadressen zur Verfügung.

Die Zeit, die Sie jetzt in eine gute Planung investieren, erspart Ihnen den vielfach größeren Aufwand, der entstehen würde, wenn Sie Jahre später erkennen, daß das falsche Holz verwendet wurde oder Bewohner des Hauses durch Holzschutzmittel und Leime Schaden nehmen.

| | Wo | Wann |
|---|---|---|
| | Wissen Sie, wo Ihr Baum gewachsen ist? | Holz vom richtigen Zeitpunkt verwenden |
| Holzspielzeug | ◆ | ▼ |
| Möbel | ◆ | ◆ |
| Fußböden, Dielen Parkett | ◆ | ◆ |
| Schalungen innen, Verkleidungen | ◆ | ◆ |
| Schalungen außen, Verkleidungen | ◆ | ◆ |
| Bauholz, sichtbarer Einbau | ◆ | ◆ |
| Bauholz, nicht sichtbarer Einbau | ◆ | ▼ |
| Wintergärten | ◆ | ◆ |
| Fenster, Türen | ◆ | ◆ |
| Gartenmöbel | ◆ | ◆ |
| Holz im Garten, Terrasse, Pergola, Zäune u.ä. | ◆ | ◆ |
| Werkzeugholz, Stiele, Keile etc. | ◆ | ▼ |
| Brennholz | ◆ | |

◆ wird empfohlen ▼ verbessert das Ergebnis

| Welcher Baum | Alter | Lagerung |
|---|---|---|
| Ausgewählte Bäume, die ruhig gewachsen sind | Nur ausgereifte Bäume verwenden | Nur Holz verwenden, das ordentlich abgelagert ist (1–5 Jahre Lufttrocknung) |
| | | |
| ◆ | ▼ | ◆ |
| ◆ | ◆ | ◆ |
| ▼ | ◆ | ◆ |
| ◆ | ◆ | ◆ |
| ◆ | ◆ | ◆ |
| ▼ | ▼ | ◆ |
| ◆ | ◆ | ◆ |
| ◆ | ◆ | ◆ |
| ▼ | ◆ | ◆ |
| ◆ | ◆ | ◆ |
| ◆ ▼ | ▼ | ◆ |
| | | ◆ |

● nur im Verwitterungsbereich zu empfehlen

| | Trocknung | Verwitterung | Leim |
|---|---|---|---|
| | Technische Trocknung: ganz langsam und nur für die letzte Restfeuchte | Ausschließliche Verwendung von sehr verwitterungsbeständigen Holzarten (Lärche, Eiche, Robinie) | Absolute Leimfreiheit |
| Holzspielzeug | | | ▼ |
| Möbel | ◆ | | ▼ |
| Fußböden, Dielen Parkett | ◆ | | ◆ |
| Schalungen innen, Verkleidungen | ◆ | | ◆ |
| Schalungen außen, Verkleidungen | | ◆ | ◆ |
| Bauholz, sichtbarer Einbau | | ● | ◆ |
| Bauholz, nicht sichtbarer Einbau | | ● | ◆ |
| Wintergärten | | ● | ◆ |
| Fenster, Türen | ◆ | ▼ | |
| Gartenmöbel | | ◆ | ▼ |
| Holz im Garten, Terrasse, Pergola, Zäune u.ä. | | ◆ | ◆ |
| Werkzeugholz, Stiele, Keile etc. | | | ◆ |
| Brennholz | | | ◆ |

◆ wird empfohlen ▼ verbessert das Ergebnis

| Leim | Farbe | Verarbeitung | Holzart |
|---|---|---|---|
| Leim auf ein Mindestmaß beschränken bzw. biologischen Caseinleim verwenden | Oberfläche mit natürlichen Mitteln behandeln, wie etwa Bienenwachs, Pflanzenöle und Harze | Haben Sie mit einem Fachmann richtigen Holzeinschnitt und Verarbeitung im Sinne des natürlichen Holzschutzes geklärt? | Haben Sie Ihre persönliche, richtige Baumart gefunden? |
| ◆ | ◆ | | ◆ |
| ◆ | ◆ | ▼ | ◆ |
| | ◆ ▼ | ▼ | ◆ |
| | ▼ | ◆ | ◆ |
| ◆ | ▼ | ◆ | ◆ |
| | ▼ | ◆ | ◆ |
| | ▼ | ◆ | ◆ |
| | ▼ | ◆ | ◆ |
| ◆ | ◆ | ◆ | ◆ |
| ◆ | ◆ | ▼ | ◆ |
| | ▼ | ◆ | ◆ |
| | | | ◆ |
| | | | |

● nur im Verwitterungsbereich zu empfehlen

## Holzerntetage für gutes Bau- und Möbelholz

Wenn Sie Holz zum richtigen Zeitpunkt ernten wollen, können Sie so Ihre Erntetage selbst nach folgenden Kriterien festlegen:

**1. Regel – Winter:**
Achtung, der biologische Winter eines Baumes ist nicht mit dem Kalenderwinter identisch. Der Saftstrom wird im Baum in der letzten Augustwoche eingestellt und beginnt wieder Ende Jänner bis Februar. Der Baumwinter dauert also vom September bis zum Jänner. In kalten Regionen bzw. im Gebirge kann auch noch auf den Februar ausgewichen werden.

Im Zweifelsfalle empfehle ich, die Monate des Hochwinters, also November bis Jänner, vorzuziehen.

**2. Regel – Mondphase:**
Innerhalb dieser Monate sollten Sie einen Tag in der abnehmenden Mondphase wählen. Es gibt also in jedem Monat 14 Tage, beginnend einen Tag nach dem Vollmondtag bis zum Neumond, die dieser Regel entsprechen. Wissenschaftlich nicht bestätigte Traditionen sagen, näher bei Neumond ist besser als näher bei Vollmond.

Wer Regel 1 und 2 beachtet, erhält hervorragendes Bau- und Werkholz. Für all jene, die darüber hinaus noch großen Wert auf die sogenannten Sternbilder legen, führe ich die Regel 3 an:

**3. Regel – Sternbilder:**
Diese dritte Regel beruht allein auf Überlieferungen und Traditionen und konnte bisher wissenschaftlich noch nicht bestätigt werden. Für alle, die es trotzdem

versuchen wollen: Wählen Sie aus den Tagen, die der ersten und zweiten Regel entsprechen, einen Tag aus, der gleichzeitig ein Steinbock- oder Jungfrau- oder Stiertag ist. Mein Tip für Bauholz: Steinbock, bei abnehmendem Mond im Hochwinter.

## Empfohlene Zeiträume zur Lagerung und Lufttrocknung von Holz

Einige Beispiele für Trocknungszeiten:

| | |
|---|---|
| Bauholz, je nach Verwendung und Anforderung: | 1–5 Jahre |
| Böden, Schalungen aus Nadelholz: | 1–2 Jahre |
| Böden aus Laubholz: (Eichenholz benötigt die längste Lagerung) | 2–4 Jahre |
| Möbelholz: 1 Jahr je Zentimeter Holzstärke | |

Bei richtiger Verarbeitung kann Bauholz in bestimmten Ausnahmefällen den letzten Teil seiner Trocknung auch im verbauten Zustand verbringen.

Ein Beispiel: Die Balken einer Balkendecke können bereits einige Monate nach dem Schneiden im Sägewerk verlegt werden, wenn sichergestellt ist, daß die eingebauten Balken im Rohbau allseitig von Luft umspült werden können und der Rohbau vor Regen und Schnee geschützt ist. Eine derartige Vorgangsweise sollten Sie aber in jedem Fall mit einem Fachmann besprechen.

Im Zweifelsfall ist die Luttrocknung von Bauhölzern vor der Verarbeitung auf ca. 20 % Feuchtigkeit immer die beste Lösung.

## Natürlicher Holzschutz

Die konsequente Anwendung von natürlichem Holzschutz bedeutet für den Bauherrn bares Geld: Zum einen gewährleistet natürlicher Holzschutz eine lange Lebens- und Nutzungsdauer der errichteten Bauwerke, zum anderen kann man sich aufwendige und teure chemische Holzschutzmaßnahmen ersparen.

Lesen Sie dazu aus der Ausschreibung eines bayrischen Ingenieurbüros:[1]

*„Die bestehenden, erst 1983 erstellten Holzbalkone sind bereits, trotz Verwendung von chemischem Holzschutz (und ständigen Wartungsanstrichen) durchgefault. Grund ist vor allem die Mißachtung von konstruktiven Holzschutzmaßnahmen. Außerdem zeigt sich dabei wieder, daß der chemische Holzschutz bei Hölzern im Freien keinen Schutz vor Verfaulen bietet, das Holz jedoch zu Sondermüll macht."*

Weiters findet sich in der Ausschreibung ein Leistungsverzeichnis für Abbruch- und Entsorgungsarbeiten sowie für die Neuerrichtung der Balkone mit feinjähriger Gebirgslärche, die zur richtigen Mondphase geerntet wurde.

Vorher aber müssen teure Sanierungsarbeiten durchgeführt werden. Kosten, die sich der Hausbesitzer bei Anwendung des natürliche Holzschutzes und Verwendung von gutem Holz hätte ersparen können.

## Wovor müssen wir unser Holz schützen?

Bricht im Wald ein Baum nieder, sind sofort Insekten, Pilze und Mikroorganismen zur Stelle, um Rinde,

---

[1] Fa. HABO, Baubiologie, Dipl. HTL Ing. Herbert Rupitsch, Rosenheim

Holz, Blätter und Nadeln dorthin zurückzuführen, wo sie herkamen. Im gesunden Waldkreislauf wird alles wieder in fruchtbaren Humus verwandelt. Auf diesem neuen Waldboden, der die Lebenskraft des alten Baumes beinhaltet, wächst die junge Generation heran.

Wollen wir Menschen uns herausnehmen, Organismen, die den natürlichen Kreislauf in Gang halten, als Schädlinge zu bezeichnen? Dürfen wir holzabbauenden Organismen einfach den Stempel „schädlich" aufdrücken und mit der Giftspritze bekämpfen? Bei soviel Unverständnis werden wir am Ende nur uns selbst vergiften.

Wäre es nicht sinnvoller, sich mit dem Leben dieser Pilze und Insekten auseinanderzusetzen? Wer das tut, wird schon nach kurzer Zeit erkennen, daß wir holzabbauende Organismen auf einfache Weise von unseren Häusern und Holzgegenständen fernhalten können. Wir brauchen dazu kein Gramm Gift – nur ein bißchen Hausverstand:

Wo findet die Verwandlung von Holz in Humus statt? Zu 99,9 % im Wald, unter freiem Himmel und unter Einfluß der Witterung.

Unsere Häuser aber haben alle ein Dach über dem Kopf. Das heißt: Wenn wir Holz unter ein Dach bringen, dort einbauen und verarbeiten, trocknet es bis zu einem Feuchtigkeitswert, den Holz im Wald nur äußerst selten aufweist.

Für das unter Dach verbaute Holz stellt also das Millionenheer der holzabbauenden Insekten und Mikroorganismen von vornherein keine Bedrohung dar. Nur einige wenige Spezialisten, die wir an einer Hand abzählen können, kommen mit dem ausgetrockneten Holz unserer Bauten und Werkstücke zurecht. Wenn wir auch diese kleine Gruppe auf natürliche Weise in den Griff bekommen, sind wir alle Sorgen mit giftigen Holzschutzmitteln los.

Der Schlüssel für die Gefahr durch diese spezialisierten Pilze und Insekten liegt in der Holzfeuchtigkeit. Mit einfachen baulichen Maßnahmen (= konstruktiver Holzschutz) können wir das Holz in unseren Häusern so trocken einbauen und verarbeiten, daß ihm selbst diese Käfer und Pilze nichts mehr anhaben können.

## Natürlicher Holzschutz gegen Pilze

In der Tabelle sehen Sie die Holzfeuchtewerte, die Pilze zum Leben und zur holzabbauenden Tätigkeit brauchen.

| Pilzart | Mindestfeuchte | Optimaler Bereich |
|---|---|---|
| Echter Hausschwamm (Serpula Lacrimans) | ca. 20 % | 30 % |
| Brauner Keller- oder Warzenschwamm (Oniphora puteana) | 20 % | 50 – 60 % |
| Blättlinge (Gleophyum Arten) | 20 % | 40 – 60 % |
| Porenschwämme (Poria Arten) | 20 % | 40 % |
| Bläuepilze | 30 % | 30 – 40 % |

Tabelle nach: Bernhard Leiße: Holz natürlich behandeln, Heidelberg 1994

Jeder Pilz geht, wie alle Lebewesen, den Weg des geringsten Widerstandes und sucht sich daher möglichst optimale Lebensbedingungen. Diese liegen aber nicht im Bereich von 20 %, sondern bei mehr als 30 % Holzfeuchtigkeit. Werte, von denen Hölzer im Wohnbau weit entfernt sind.

Wenn die runden Stämme im Sägewerk aufgeschnitten, Bretter und Kantholz zum Lufttrocknen gestapelt und abgedeckt werden, trocknet dieses Schnittholz auf eine Feuchtigkeit von 12–20 % (je nach Witterung). Bei der weiteren Verarbeitung, gleichgültig, ob ein Möbelstück entsteht, ein Fußboden oder die Wände und das Dach für ein Haus, trocknet Holz noch weiter aus.

Die Feuchtigkeit von Holz im überdachten, offenen Bereich (z. B. Haus-Außenwand) liegt bei 12–18 % (je nach Witterung). Hölzer in beheizten Räumen pendeln sich je nach Jahreszeit bei 6–10 % Feuchtigkeit ein. Unter Dach, also im Wohnbau bei praktisch jeder Art

Schon die richtige Lagerung und Lufttrocknung von Holz bietet Schutz gegen Pilzbefall.

der Holzverwendung (außer Balkone und Terrassen) finden wir nirgends Holzfeuchtewerte, bei denen ein Pilz existieren könnte. Dazu kommt, daß in der Praxis auch im angegebenen Grenzbereich von 20–25 % Holzfeuchte kaum ein Befall von holzzerstörenden Pilzen zu beobachten ist.

Schlußfolgerung: Unter 20 % Holzfeuchte kann kein Pilz wachsen. Wenn das Holz trocken ist, können wir auf jeden chemischen Schutz (= Fungizide) verzichten.

Es gibt nur zwei Dinge, die zum Thema Holzschutz gegen Pilze beachtet werden sollten:

1) Konstruktiv richtiger = vor Nässe geschützter Einbau des Holzes
2) Wassertransport durch den Hausschwamm

1) Zum konstruktiv richtigen Holzbau könnte ein eigenes Fachbuch geschrieben werden.
   Hier werden nur einige Empfehlungen gegeben, die Sie mit Ihrem Architekten, Baubiologen und Handwerker konsequent verfolgen sollten:
   - Nässeschutz des Holzes am Bau, keine monatelange Bewitterung, bevor das Dach geschlossen wird;

Schutz durch Dachüberstand.

- Verwendung von ausreichend vorgetrocknetem und abgelagertem Holz;
- Ausreichende Dachüberstände: die Vermeidung direkter Beregnung ist vielfach wirkungsvoller als synthetisch-chemischer Holzschutz.
  Alte, unversehrte Holzgebäude verfügen immer über einen ausreichenden Dachüberstand.
- Holz vom feuchten Untergrund fernhalten. Fassaden, Holzständer etc. sollen nicht unmittelbar am oder im Erdreich enden. Sorgen Sie für entsprechende Auflagesockel und Unterbauten aus Stein, Mauerwerk etc.

Lagersockel für Säulen

Unterkonstruktion aus Stein.

– Das Wasser muß von allen Bauteilen aus Holz vollständig abfließen können, die fallweiser Beregnung oder Nässe ausgesetzt sind; eine vertikale Fassadenschalung ist besser als eine mit horizontal ausgerichteten Brettern.

Hinterlüftung von Holzverschalungen.

– Hinterlüftungen: Lassen Sie an jeden Holzbauteil so viel Luft heran wie möglich. Holzverschalungen sollen auf Lattenroste (Konterlattung) montiert werden, hinter welchen die Luft durchstreichen kann.

– Kondenswasser, Tauwasser, Folien:
Immer bessere und dickere Wärmeisolationen am Haus sind ein Gebot energiebewußten Bauens. Aber: Isolieren heißt dämmen und nicht dichtma-

chen. Vermeiden Sie absolut wasser- und luftdichte Folien. Verwenden Sie baubiologisch empfohlene Dampfbremsen statt undurchlässige Dampfsperren.
Lassen Sie sich unbedingt für jede Isolation, Decken- oder Wandkonstruktion von einem Fachmann den Taupunkt berechnen und schriftlich bestätigen.
Kondensation und Tauwasser bleiben in Holzskelettwänden aber ein Risiko, das z.B. bei späterer Verletzung einer Dampfbremse zum Schaden führt. Der beste Schutz ist eine einstoffliche Holzmassivwand wie das System Holz100. Hier wird der Dampfdruck kontinuierlich abgebremst und nicht von einer einzigen, verletzbaren Schicht oder Folie zurückgehalten. Dadurch ist für den Hausbewohner eine 100%ige Sicherheit vor Schimmel und Tauwasser gegeben.
Zur Umsetzung des konstruktiven Holzschutzes ist ein Handwerker nötig, dem diese Art zu arbeiten ein Anliegen ist. Es gibt solche Handwerker und es werden immer mehr. Mit der Servicekarte am Ende des Buches können Sie Adressen erfragen.

2) Eine seltene Ausnahme – der Hausschwamm:
Es gibt eine einzige, selten auftretende Ausnahme, bei der auch Holz unter 20 % Feuchtigkeit befallen werden kann – der echte Hausschwamm benötigt zwar für seine Wachstum feuchtes Holz (über 20 %), wenn er aber einmal da ist, kann er mehrere Meter lange und bis ein Zentimeter starke Stränge ausbilden. In diesen Strängen wird Wasser zu benachbarten, trockenen Holzteilen transportiert, damit dieses Holz befeuchtet und befallen werden kann.
Wie beugt man dem Hausschwamm vor? Wenn Ihr Haus konstruktiv richtig gebaut und das Holz somit trocken ist, genügt es in der Regel, darauf zu achten, daß sich in unmittelbarer Nähe Ihres Hauses kein

modernder Holzhaufen oder faulende Holzreste alter Bauwerke als „Brutstätte" für den Hausschwamm befinden.
Bei einer eventuellen Sanierung sollten neben großzügigem Austausch aller befallener Hölzer auch vorhandene Pilzstränge im Mauerwerk und unter Putz entfernt werden (Gasbrenner). Damit Sie das theoretische Problem Hausschwamm aber nicht überbewerten: In all den Jahren der Holzbautätigkeit unseres Betriebes haben wir noch nie einen Hausschwammbefall an gutem, richtig gelagertem und eingebautem Holz erlebt.

## Natürlicher Holzschutz gegen Insekten

Bei den Insekten finden wir eine ähnliche Situation vor wie bei den Pilzen. Die Trockenheit der verbauten Hölzer bietet den meisten dieser Tiere keine Überlebensgrundlage. Es gibt lediglich drei Spezialisten für trockenes Holz:

Lebensbedingungen der wichtigen holzabbauenden Insekten:

| Insekt | Temperatur | Holzfeuchte |
|---|---|---|
| Brauner Splintholzkäfer (Lyctus brunneus) | 11–38 °C | 9–60 % |
| Gewöhnlicher Nagekäfer (Anobium punctatum) | 14–29 °C | 12–50 % |
| Hausbock (Hylotropus bajutes) befällt nur Nadelhölzer | bis 32 °C | 7–28 % |

Tabelle nach: Bernhard Leiße: Holz natürlich behandeln, Heidelberg 1994

Nur diesen drei Spezialisten gelingt es, theoretisch auch in verbauten, trockenen Holzteilen brauchbare Lebensbedingungen zu finden. Auf den ersten Blick eine gefährliche Sache für Gegenstände und Häuser aus Holz. Aber wirklich nur auf den ersten Blick. Schauen wir uns im Detail an, warum richtig gebaute Holzhäuser auch diesem Trio Jahrhunderte hindurch trotzen:

**Brauner Splintholzkäfer:** Ursprünglich war der Splintholzkäfer bei uns nicht heimisch, sondern wurde aus den Tropen, vermutlich mit Importholz, eingeschleppt.
In unserem „kühlen" Klima fühlt sich der Splintholzkäfer trotz seiner Fähigkeit, trockenes Holz zu befallen, nicht sehr wohl. Die europäischen Holzarten sind für ihn kaum genießbar. Nadelholz mag er gar nicht, von den Laubhölzern kommen für ihn nur die hellen Arten (Ahorn, etc.) oder helle Randbereiche des Stammes (Splint) in Frage.
Das heißt: Für Bauten und Möbel aus den Nadelhölzern Fichte, Tanne, Kiefer oder Lärche besteht seitens des Splintholzkäfers keine Gefahr. Für Möbel aus hellen Laubhölzern ist die Gefahr ebenfalls gering. Ein sorgfältiger Tischler wird befallenes Holz niemals verarbeiten. In unserem europäischen Klima kann der Tropenbewohner auch kaum von einem Haus zum anderen fliegen. Neubefall ist dadurch praktisch unmöglich.
Sollte ein Möbelstück dennoch befallen sein, genügt eine Frostnacht im Freien (z. B. am Balkon) und alle Splintkäfer und Eier sind zerstört.
Somit stellt dieser Exote für unsere Hölzer keine echte Gefahr dar.

**Gewöhnlicher Nagekäfer (Totenuhr, Klopfkäfer)**: Die Klopf- oder Nagekäfer können zwar theoretisch in Holz mit nur 12 % Feuchtigkeit leben, ihr Optimum liegt aber bei ca. 30 %. Kein Klopfkäfer geht „freiwillig in die Wüste“ trockenen Holzes. In beheizten Wohnräumen mit Holzfeuchtewerten von nur 6 % bis 12 % kann er überhaupt nicht existieren.

Die Hauptverbreitung dieses Gesellen „passiert“ beim Einbau von zu feuchten oder bereits befallenen Hölzern. Durch sorgfältige, luftige und trockene Lagerung des Schnittholzes und durch Verwendung ausschließlich unbefallenen Holzes wird die Gefahr eines Nagekäferbefalls auf nahezu Null reduziert. Eine allenfalls doch notwendige, wirkungsvolle Bekämpfung ohne Gift ist mit Hitze möglich (vgl. Hausbock).

**Hausbock:** Der Hausbock ist im Baubereich wohl der bedeutendste von allen Insektenschädlingen. Dennoch ist auch er bei vernünftigem und richtigem Umgang mit Holz keine wirkliche Gefahr für unsere Holzbauten.

Einige Besonderheiten zum Hausbock:

- Er befällt nur Nadelholz, keine Laubhölzer.
- Für die Eiablage benötigt er kleine Ritzen und Risse. Rißarme Balken erschweren seine Vermehrung.
- Der Hausbock ist recht gebietstreu. In Ortschaften, in denen Hausbockschäden unbekannt sind, ist sein Auftreten äußerst unwahrscheinlich. Sprechen Sie zur Sicherheit mit örtlichen Zimmerern und Holzverarbeitern.
- Mit zunehmendem Alter werden im Holz Eiweiß- und Stärkestoffe abgebaut. So werden schon 30–50jährige Bauten gegen Hausbockbefall auf natürliche Weise „immun“.

Wenn Sie in einem typischen „Hausbockgebiet“ bauen (Ortschaften, in denen Hausbockschäden bekannt sind), können Sie trotzdem ohne synthetische Chemie auskommen:

- Verwenden Sie Holz vom richtigen Zeitpunkt.

- Streichen Sie alle Holzbauteile vor dem Einbau mit einem Borsalzpräparat. Borsalz ist ein frei in der Natur vorkommender Stoff ohne synthetisch veränderte Molekularstruktur und wird von Baubiologen als unbedenklich eingestuft.
- Nähr- und Lockstoffe für den Bockkäfer nehmen im Holz rasch ab. Eine lange Lagerung, am besten mehrere Jahre vor dem Einbau, ist daher besonders wichtig.

Befallsrisiko Hausbock in Abhängigkeit des Bauholzalters:

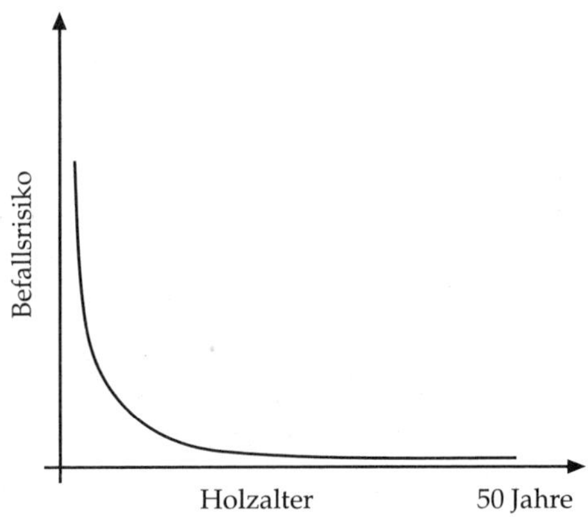


Die Skizze zeigt, daß mit zunehmendem Alter des verbauten Holzes die Wahrscheinlichkeit, vom Hausbock efallen zu werden, dramatisch abnimmt: je älter das Holz, desto geringer das Risiko. Fachleute gehen davon aus, daß 50 Jahre altes Holz praktisch „immun" gegen Hausbockbefall ist.

Sollten Sie diese Zeilen zu spät lesen und bereits mit einem Hausbockbefall konfrontiert sein, so müssen Sie dennoch nicht in Panik geraten: Werden befallene Holzteile länger als drei Stunden über 55 °C erhitzt (auch im Inneren des Holzes), so ist jegliches Insektenleben abgestorben. Kleine, mobile Holzteile wie Möbel können in der Sauna oder Trockenkammer behandelt werden. Befallene Dachstühle und Holzhäuser werden von Spezialfirmen mit Heißluft behandelt, sodaß derselbe Zweck erreicht wird. Ein Wiederbefall nach erfolgter Bekämpfung ist bei älteren Hölzern praktisch auszuschließen.

Wenn wir die Regeln der richtigen Holz- und Baumauswahl, des richtigen Holzerntezeitpunktes, der richtigen Lagerung und Trocknung und des konstruktiven Holzschutzes konsequent einhalten, ist jede Behandlung des Holzes mit giftiger Chemie überflüssig. Die ältesten erhaltenen Bauwerke sind nur aus Stein und unbehandeltem Holz erbaut und haben dennoch unbeschadet die Jahrtausende überstanden.

## Holzkonstruktionen im Freien

Holz in der freien Witterung ist ein Stoff, der von der Natur für den Abbau zu Humus vorgesehen ist. Ewige Haltbarkeit hölzerner Teile, die tagtäglich Wind und Wetter ausgesetzt sind, ist eine Illusion.

Dennoch können wir die Lebensdauer von Holz im Freien auf natürliche Weise wirkungsvoll verlängern:

Einige Hölzer (Lärche) verwittern um ein Vielfaches langsamer als andere Holzarten (Fichte, Kiefer). Zusätzlich zur Wahl besonders witterungsbeständiger Hölzer können wir noch Maßnahmen bei der Verarbeitung setzen, die die abbauenden Prozesse weiter verlangsamen.

Einige Beispiele: Eine Holzterrasse im Freien kann unter ungünstigen Voraussetzungen schon nach drei Jahren zusammenbrechen. (z. B. schnell gewachsenes Fichten- oder Kiefernholz, zu einem ungünstigen Zeitpunkt im Sommer geerntet und so verbaut, daß das Wasser lange auf dem Holz stehen bleibt).

Eine Holzterrasse aus langsam gewachsener Hochgebirgslärche, die zum richtigen Zeitpunkt geerntet und richtig verbaut wurde, kann Ihnen dagegen ca. 30

Jahre und mehr dienen. Dieselbe Terrasse aus splintfreier Eiche ist zwar teurer, aber sie hat noch einmal eine um 10 bis 20 Jahre längere Funktionsdauer.

Schädlich für jede Holzkonstruktion im Freien sind stehendes Wasser und Faserverletzungen, etwa durch Schrauben.

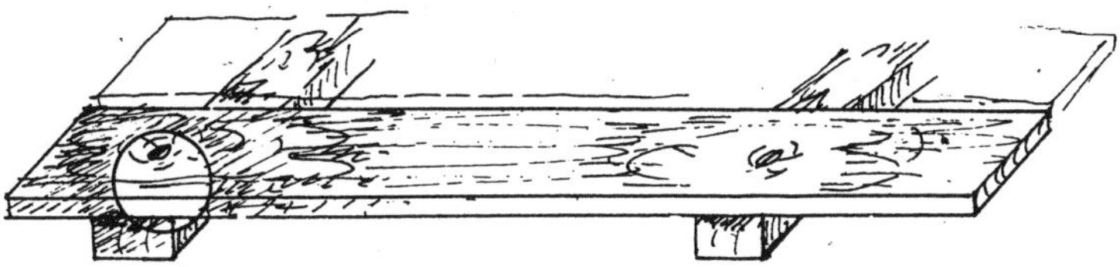

Stehendes Wasser auf waagrechtem Holz halbiert dessen Lebensdauer.

An den Schraubenköpfen wird die Faser aufgerissen, Wasser bleibt stehen und die Bretter faulen hier oft schon zur halben Zeit durch, während das restliche Holz noch intakt ist.

Ist die Terrasse zu groß und zu schwer, um von unten zu schrauben, so sollte die Fläche in entsprechende Segmente geteilt werden.

Dasselbe Prinzip gilt für Balkonabdeckbretter und alle ähnlichen Konstruktionen.

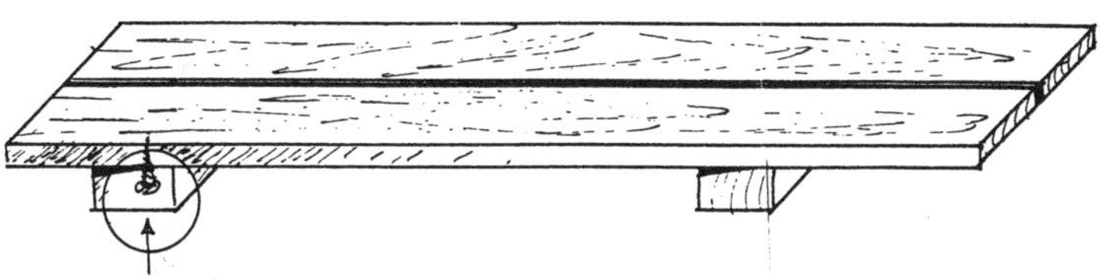

Terrassenbalken – von unten geschraubt, schräg verlaufend.

Die Unterlagshölzer sind abgeschrägt. Die Terrassendielen liegen auf Keilen, die schmäler sind als die Diele selbst. Die Terrasse soll insgesamt ein leichtes Gefälle aufweisen, sodaß das Wasser von den Dielen abrinnen kann.

Vermeiden Sie bei Hölzern im Freien exakt waagrechte Flächen. Durch diese einfache Erkenntnis in Verbindung mit dem Einsatz unserer heimischen, verwitterungsfesten Holzarten (Lärche, Eiche, Robinie) und der Holzernte zum richtigen Zeitpunkt erreichen Sie eine längere Nutzungsdauer als durch chemische Holzschutzmittel.

Balkongeländer mit Schindeldach

Ein Holzschindeldach an einem Balkongeländer erhöht die Lebensdauer der Brüstung um ein Vielfaches.

Abgeschrägte Querträger des Gartenzaunes bringen mehr als jeder Anstrich an einem konstruktiv falschen Zaun.

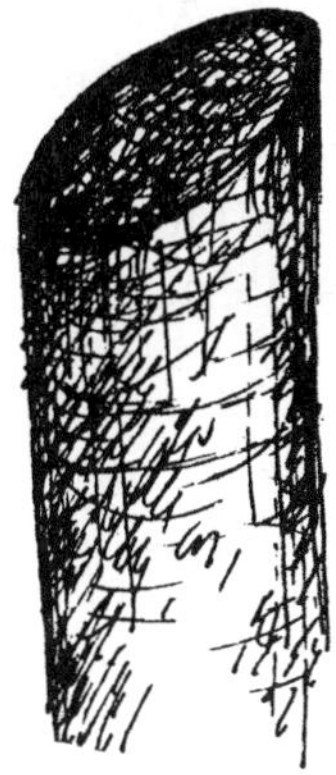

Pfähle abschrägen

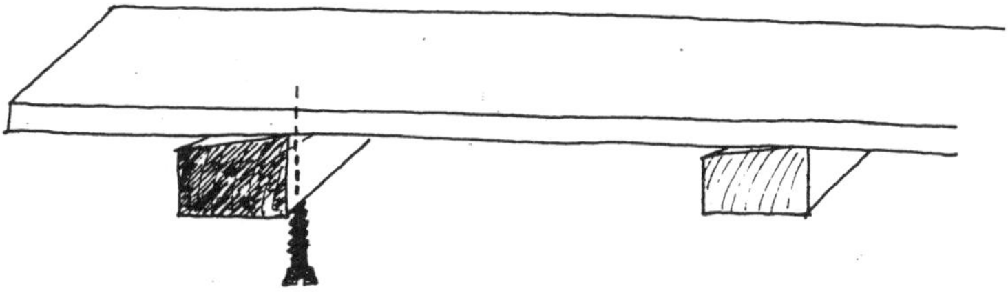

Wenn auf eine ebene Fläche nicht verzichtet werden kann: Brett mit stehenden Jahresringen von unten geschraubt.

# Holzpflege

Wohl kaum ein Baustoff ist in den letzten Jahrzehnten so zu Unrecht in den Ruf gekommen, schwer zu pflegen zu sein wie Holz. Aber auch keinem anderen Bau- und Werkstoff wurden soviel bedenkliche, zum Teil sogar giftige Anstriche verabreicht. Viele Menschen sind nun unsicher, wie sie Holzoberflächen behandeln, pflegen und schützen sollen.

| | Ein Anstrich . . . | | |
|---|---|---|---|
| Verwendungszweck | erhöht die Lebensdauer und erhält die Funktion | erleichtert die Pflege | ist nicht erforderlich, außer zur optischen Gestaltung |
| Holzspielzeug | | ▼ | ▼ |
| Möbel | | ◆ | |
| Holzfußböden | | ◆ | |
| Schalungen, Verkleidungen innen | | ▼ | |
| Schalungen, Verkleidungen außen | ▼ | | ▼ |
| Bauholz unter Dach | | | ◆ |
| Wintergärten | | ▼ | ◆ |
| Holzdecken | | | ◆ |
| Fenster | ◆ | | |
| Türen | | ◆ | |
| Gartenmöbel | ▼ | | |
| Holz im Garten (Pergola, Terrasse, Zäune, usw.) | ▼ | | ▼ |
| Werkzeugstiele | | | ◆ |

◆ wird empfohlen

▼ nicht unbedingt erforderlich, verbessert aber das Ergebnis

Wer lebendiges Holz genießen will, denkt am besten über Anstriche mit Naturfarben nach oder läßt Holz überhaupt unbehandelt.

Naturfarben bestehen aus frei in der Natur vorkommenden Stoffen wie Pflanzenölen, Harzen, natürlichen Wachsen und Mineralien.

Kaufen Sie bevorzugt Farben und Anstriche, bei denen der Hersteller eine vollständige Auflistung aller Inhaltsstoffe mitliefert. Ein guter Holzanstrich soll atmen und die Poren des Holzes nicht versiegeln, damit Sie Ihr Holz nicht nur optisch, sondern auch durch seine Atmung, durch die warme Oberfläche und durch den Feuchtigkeitsaustausch mit der Luft genießen können.

## Sonne und Holz

Eines vorweg: Dieses Thema berührt in erster Linie Holzoberflächen im Außenbereich, wie etwa Holzfassaden. Im Hausinneren hinterläßt die Sonne außer leichten Färbungen kaum Spuren am Holz.

Können Sie sich vorstellen, daß alle Menschen dieselbe Gesichts- und Haarfarbe haben? Gott sei Dank ist es nicht so. Wir erklären unseren Kindern auch, daß sie Achtung haben sollen vor den weißen Haaren alter Menschen. Die Furchen und Falten in deren Gesicht sind wunderbare, ehrliche und beeindruckende Zeugnisse ereignisreicher Jahrzehnte.

Als Kinder saßen wir oft neben dem Opa und betasteten mit unseren zarten Finger die hervortretenden Adern seiner sehnigen Hände. Es war ein wunderbares

Spiel, die Adern kurz zuzuhalten und danach zu beobachten, wie das durchströmende Blut sie wieder aufquellen ließ. Wie unverständlich wäre es für uns gewesen, hätte jemand verlangt, daß Opas Hände nach all den Jahren als Zimmermann die gleiche Farbe haben sollten wie unsere jungen Kinderhände.

Warum stellen wir aber an die Haut unserer Holzbauten so oft die Forderung, ewig jung und neu auszusehen? Warum verlangen wir, daß ein Holzbau von allen Seiten und zu allen Zeiten den gleichen gelben, braunen oder wie auch immer gestrichenen Farbton haben muß? Alte Holzbauten haben nie einen Anstrich gesehen. Mit der Lebensdauer eines Holzhauses haben Farbe und Pinsel wenig zu tun!

Mit dieser Ausrüstung bewaffnet, dulden viele Menschen keine Unbefangenheit im Umgang mit den hölzernen Gesichtern ihrer Bauten und versehen sie mit einem Schutzanstrich. Aber schon wenige Jahre später wird die Freude am Holzhaus durch die mühselige Arbeit mit Schleifpapier und Drahtbürste an abblätternden Farbanstrichen getrübt.

„Aber unbehandelte Holzfassaden werden doch fleckig und später grau und braun!" Solche Ängste und Bedenken tragen viele Holzhausbesitzer mit sich herum.

Damit Sie die richtige Oberflächenbehandlung für Ihr Haus finden, sollen die Wirkungen der Sonne auf das Holz kurz besprochen werden:

1) Die verwitternde, holzabbauende Wirkung der Sonne.
2) Die optische, holzfärbende Wirkung.

**1) Verwitternde, holzabbauende Wirkung der Sonne**

Ultraviolettes (UV-)Licht bewirkt grundsätzlich einen leichten Abbau des Holzes. Diese Zersetzung

ist aber ein äußerst langsamer Prozeß, der erst nach Jahrhunderten tiefe Spuren zeigt. Für konstruktiv richtig verarbeitetes Holz ist deshalb ein Farbanstrich als Schutz gegen Sonnenlicht nicht erforderlich. Einzig bei Holzfenstern ist ein Anstrich mit unbedenklichen Naturfarben zu empfehlen. Die oft gehörte Aussage, daß Farbpigmente gegen Sonnenlicht schützen, ist zwar grundsätzlich richtig. Aber es fehlt der Zusatz, daß sich Holz von allein am besten und passendsten färbt. Ist ein Anstrich zu hell, ist der versprochene UV-Schutz nicht gegeben. Wird zu dunkel gestrichen, entstehen unnatürliche Erhitzungen des Holzes durch die Sonne.
Hatten Sie schon einmal das „Vergnügen", mit dunkler Kleidung im Hochsommer längere Zeit in der Sonne stehen, oder besser braten zu müssen? Wenn ja, können Sie sich gut in eine Fassadenschalung hineindenken, die mit einem zu dunklen Anzug in Form eines Farbanstriches versehen wurde und sich nun stark erwärmt. Hohe Temperaturschwankungen (Tag/Nacht) bewirken verstärkte Rißbildungen im Holz und der erwünschte Schutzeffekt ist wieder zunichte gemacht und ins Gegenteil umgekehrt worden.
Der springende Punkt ist: Im Laufe einiger weniger Jahre schützt sich das Holz von allein viel besser gegen die UV-Strahlung, als das jeder Anstrich kann. Durch die Sonnenstrahlung färbt sich das Holz. Und zwar an jeder Seite des Hauses in dem Farbton, der entsprechend dem Einstrahlungswinkel der Sonne den besten Schutz ergibt.
Alle alten Holzbauten haben Jahrhunderte überstanden, indem sie sich ohne Anstrich im Sonnenlicht so färbten, wie es dem optimalen UV-Schutz entspricht.
An jeder Seite eines Holzbaues kann ein anderer Farbton beobachtet werden. Genauso vielfältig wie

die Natur selbst. Warum sind wir so phantasielos und streichen alle Holzteile unserer Gebäude in einer einheitlichen Farbe?
Aber damit kommen wir schon zur zweiten Wirkung der Sonnenstrahlen auf Holzoberflächen:

### 2) Die optische, holzfärbende Wirkung der Sonne

Fragen des persönlichen Geschmacks oder einer Modewelle zu diskutieren, ist nicht die Absicht dieses Buches. Dennoch möchte ich Ihnen an dieser Stelle einige Gedanken mitgeben, die Ihnen bei der Suche nach der besten Variante für Ihren Bau vielleicht einige interessante Blickwinkel vermitteln:
Wenn ein Landschaftsphotograph Gebäude für schöne, harmonische Bilder sucht, sind dies meist alte Häuser, die niemals gestrichen wurden. Häuser, deren Äußeres Furchen und Färbungen aufweist, die mehr erzählen als viele Worte. Jeder Betrachter spürt die Harmonie solcher Bauten mit ihrer Umgebung.

Warum haben immer noch so wenige Architekten und Bauherrn den Mut, ihre Häuser durch die Sonne und Witterung färben zu lassen? Am Geld kann es nicht liegen – denn die Sonne arbeitet kostenlos.

Wir besuchen Freilichtmuseen und lassen uns von den alten sonnengebräunten Holzfassaden begeistern. Fahren Sie durchs Land und beobachten Sie Holzbauten und Fassaden neuerer Häuser. Sie werden sich sicher fragen – „Wo sind all die Freilichtmuseumsbesucher, die die alten Holzhäuser so schön finden?“ Zuhause angekommen, müssen sie alle ihre Eindrücke schon wieder vergessen haben. Denn fast alle Häuser sind an allen Seiten in der gleichen Farbe gestrichen.

Bevor Sie zu Farbe und Pinsel greifen, noch eine

Frage: Haben Sie sich die Kosten für Arbeit, Material und die laufenden Renovierungen ausgerechnet? Bei einer konstruktiv richtig gebauten Fassade können Sie diese Kosten zur Gänze einsparen. Aber: Bauten, bei denen konstruktive Mängel vorliegen, können mit keinem Anstrich der Welt erhalten werden. Hier müssen zuerst die konstruktiven Fehler behoben werden.
Abschließend ein Tip: Wenn Sie sich mit der Färbung eines Holzhauses durch die Sonne nicht anfreunden können und Ihre Holzfassade streichen möchten, verwenden Sie keine Anstriche, die Ihre Gesundheit und Umwelt gefährden. Gute Naturfarben erhalten Sie im einschlägigen Fachhandel. Vertrauenswürdige Naturfarbenhersteller erkennen Sie an der Bereitschaft, alle Inhaltsstoffe einer Farbe bekanntzugeben.

## Sägerauh oder gehobelt?

Eine Frage, die im Zusammenhang mit Schutz gegen UV-Licht und Verwitterung häufig auftritt: Sollen Holzoberflächen im Außenbereich gehobelt werden oder sägerauh bleiben?
Argumente für eine gehobelte Oberfläche:
- an der glatten Oberfläche fließt das Wasser besser ab und das Holz wird schneller trocken;
- dort, wo Ihre Hände direkt mit dem Holz in Berührung kommen (z. B. Hausfassade im Erdgeschoß oder bei Balkonen), ist gehobeltes Holz besser, weil es nicht schiefert;
- falls die Bretter gestrichen werden, ist bei gehobelten Brettern viel weniger Farbe erforderlich;
- optische Gründe und Geschmack.

Die oft vertretene Ansicht, daß sägerauhes Holz für bestimmte Insekten (Klopfkäfer) zur Eiablage günstiger ist als glattgehobelte Hölzer, würde ich bezweifeln.

Ausreichenden Schutz gegen Insekten finden wir in erster Linie durch Einbau entsprechend trockener Hölzer, durch Holzernte reifer Bauhölzer zum richtigen Zeitpunkt und durch konstruktiven Holzschutz (dauerhafte Trockenheit verbauter Hölzer).
Argumente für eine sägerauhe Hausfassade:

- kostengünstiger – der Hobelaufwand fällt weg;

- weniger Holzverbrauch bei gleicher Nutzstärke der Bretter;

- optische Gründe.

# Netzwerk

Wer all die geschilderten Erlebnisse und Überlegungen gelesen hat, war über die eine oder andere Begebenheit sicher erstaunt. Vielleicht haben Sie sich auch gefreut, für ein persönliches Anliegen eine Antwort oder einen brauchbaren Weg gefunden zu haben. Vielleicht fanden Sie aber auch eine Erkenntnis oder Begebenheit aus Ihrem eigenen Leben wieder.

Nachdem wir in unserem Betrieb begonnen hatten, die Arbeit mit Holz den Gesetzen der Natur anzupassen und in natürliche Kreisläufe und Rhythmen einzufügen, fanden sich immer mehr Menschen, die diesen Weg auf verschiedenste Weise unterstützt haben. Fäden wurden gesponnen. Staunen, Freuen, Lachen, Helfen und Danken. All das fügte sich zu einem Netzwerk, das langsam und beständig wächst.

Darf ich Sie, lieber Leser, einladen, mitzuhelfen und mitzugehen. Schreiben Sie mir, wenn Sie über interessante Erlebnisse, Unterlagen oder Informationen zum Thema „Leben mit Holz" verfügen. Wir wollen uns bemühen, daß diese wertvollen Erkenntnisse all jenen Menschen zur Verfügung stehen, die danach suchen.

Aber: Bedenken Sie auch, daß Ihr Anliegen mit Ruhe und zum richtigen Zeitpunkt betrachtet werden will und verzichten Sie deshalb bitte auf Telefonanrufe.

Die Adresse für Ihre Zuschrift:

Ing. Erwin Thoma
Hasling 35
5622 Goldegg
Österreich

## Verwendete Literatur

Clausnitzer, Hans-Dieter
Historischer Holzschutz, Zur Geschichte der Holzschutzmaßnahmen von der Steinzeit bis in das 20. Jahrhundert, Ökobuch Verlag, Staufen bei Freiburg, 1990

Leiße, Bernhard
Holz natürlich behandeln, Oberflächen im Haus färben, schützen, pflegen, C.F. Müller Verlag, Heidelberg und Alembik Verlag, Braunschweig, 1994

Weissenfeld, Peter
Holzschutz ohne Gift?, Holzschutz und Oberflächenbehandlung in der Praxis, Ökobuch Verlag, Staufen bei Freiburg, 1988

# Danke

In jedem Zufall ist ein Sinn zu finden.

Es ist wunderbar, zu erkennen, daß man oft genau zum richtigen Zeitpunkt den richtigen Menschen begegnet. Ganz einfach, ohne lange Suche stehen sie plötzlich da.

Ohne das Wissen, die Hilfe und den guten Geist dieser Menschen würde dieses Buch in seiner Lebendigkeit nicht vor Ihnen liegen. Nicht nur jenen, die bei der schriftstellerischen Arbeit geholfen haben, möchte ich danken. Auch all jenen bin ich zu Dank verpflichtet, die ihren persönlichen Einsatz für die Natur als Herzensangelegenheit betrachten und den Weg der naturgerechten Holzverarbeitung mitgehen.

Danke, für diese menschliche Kraft, die ich durch das Buch weitergeben darf.

Besonders danken möchte ich meiner Frau Karin. Sie war nicht nur die erste Lektorin. Sie hat auch, gemeinsam mit unseren Kindern Florian, Elisabeth und Benedikt, den wochenlang in Gedanken versunkenen Papa verständnisvoll begleitet und ihm viele gefühlvolle Anregungen gegeben; unserem Urliopa Gottlieb Brugger und der Urlioma Elisabeth; Oma und Opa Hilde und Hans Dabernig; der Geschichten erzählenden Mama und Oma Irene Thoma.

Außerhalb der Familie haben mich unterstützt:

Architekt Gerhard Anglberger (†); Tischlermeisterin Barbara Bauer; Architekt Prof. Eberhard Beindl; Familie Monika, Andreas und Daniel Bürgler; Fotographin Birgitt Demel und Dietmar Kalchschmied; Sägeleiter Jörg Eiblhuber; Kunstmalerin Petra Faber; Grüne Erde-Geschäftsführer Kuno Haas; Tischlermeisterfamilie Waltraud und Hans Hillebrand ; Malerin und Keramikerin Hofer Christl; Betriebsleiter Jürgen Horn; Bäuerin Rosi Hözer;

Brauchtum und Volksmusik sind sein Leben: Wolf Dietrich Iser; Bücherwurm Bernhard Kandolf, Verleger Reinhard Kepplinger, Förster Hubert Lemmel; Wildmeister und Waldmensch Fritz Löffler; Familie Hanni und Thomas, Andreas und Daniela Paungger/Poppe; drei Ratgeber: Vroni, Gerhard und Josef Pirner/Hofer; die Seele unseres Büros: Margit Rollins; Tischlermeister „Holzkopf" Andreas Scheiblmasser; Chemiker DI Erwin Schusser; Holztechniker und Boleromusikant DI Markus Stark sowie allen Forstmeistern und Förstern, die unseren Weg im Wald hilfreich begleiten.

Im Buch direkt sichtbare „Spuren" haben zwei Menschen hinterlassen: Die Zeichnungen und Skizzen stammen aus den Federn des Malermeisters Ernst Muthwill und des akademischen Malers Helmut Huber.

Vergelt's Gott Euch allen und den vielen guten Seelen, die hier nicht angeführt sind und trotzdem mit Gedanken und Taten den Weg der Natur mitgehen!

## Nachwort des Autors zur 7. Auflage

Liebe Leser(innen),

beim Schreiben dieses Buches konnte ich nicht ahnen, was dieses Büchlein auslöst und welche Entwicklung mit Holz, Wald und Mond dadurch vorangetrieben wird.

Nach heftigen Angriffen und Zweifeln an der wissenschaftlichen Nachvollziehbarkeit von Mondholz sind in jahrelangen Arbeiten seither großartige Beweise gelungen: Holz, bei abnehmendem Mond im Winter geerntet, ist statich fester, höher belastbar und vor allem aber auf natürliche Weise widerstandsfähiger gegen Pilze und Insekten.

Ausgehend vom bestmöglichen Holz, das ohne Gift und Chemie verarbeitet werden kann, verfolgte ich jahrelang meine Vision: ein Haus aus reinem Holz zu entwickeln, das technisch und wissenschaftlich meßbar in allen Disziplinen besser ist als konventionelle Häuser. Ich gründete ein Forschungszentrum in Goldegg und suchte und forschte jahrelang mit ca. 20 Mitarbeitern an diesem Thema.

Der Traum ist in Erfüllung gegangen. Neben den „Mondholzbeweisen" konnten wir die verdübelte Massivholzbauweise *Holz100* (= 100% Holz) zum Patent anmelden. Mit diesem System erreichen die Bauherren

- einen Weltrekord in Wärmedämmung
- 5mal höhere Brandsicherheiten als im konventionellen Bau
- 99,9%ige Strahlenabschirmung gegen Mobilfunk
- im Sommer eine natürliche Kühlung
- geringste Raumtemperaturschwankungen durch die lange Auskühldauer der Holzwände

- pro Tag um bis zu 3500 Pulsschläge weniger (Holz beruhigt das Herz)
- ein „Traumklima“ für Allergiker und sensible Menschen

Das sind auf den ersten Blick nahezu unglaubliche Verbesserungen und Möglichkeiten, die in unseren Bäumen schlummern.

Ausgehend von den Holztraditionen unserer Vorfahren, verbunden mit neuen technischen Möglichkeiten, finden wir heute in den nachwachsenden Wäldern die Energien und Lösungen, die die Menschheit für das 21. Jahrhundert braucht.

Diesen Weg, der bei unserem Großvater und dem Mondholz begonnen hat und zu hunderten Holz100-Häusern, dem größten Holz-Hotel der Alpen, zu hölzernen Kirchen in Japan, zu strahlenabgeschirmten öffentlichen Bauten, zu vielen spannenden Energiespar- und Pilotprojekten geführt hat, habe ich in einem neuen Buch beschrieben:

Erwin Thoma
**Für lange Zeit**
*Leben und Bauen mit Holz – alte Weisheiten für moderne Technologie*
Ein Buch voller Bilder, Ideen und Anregungen für alle, die sich mit Holz, Nachhaltigkeit und natürlich besser leben beschäftigen.

Auch dieses Buch können sie im Forschungszentrum Goldegg bestellen: Tel. 0043 (0) 6415 / 8910

Homepage: www.thoma.at, Mail: info@thoma.at

Nicht zuletzt durch die Erfindungen und Erfolge der letzten Jahre können wir heute intensiver denn je forschen und uns dabei von den Geschenken der Natur begeistern lassen. Besuchen Sie uns in Goldegg, gehen Sie diesen Weg mit, lassen Sie sich inspirieren. Die Zeit, in der die Menschen gegen die Natur arbeiten, sollte vorbei sein. Ernten, bauen und leben wir besser, indem wir die Rhythmen und Kreisläufe der Natur nutzen und uns von den Kräften der Wälder tragen lassen.

Herzlich Ihr Erwin Thoma
Goldegg, im November 2003

Name:

Adresse:

Tel:

E-Mail:

Die Preise verstehen sich inkl. MwSt. und Versandkosten.
Bitte überweisen Sie den Betrag nach Erhalt der Bücher. Ein Informationsblatt liegt bei.

Ihre Bestellung wird bei uns gespeichert und ist zu den Bürozeiten oder über Email abfragbar. Auf diesem Wege ist es Ihnen natürlich auch möglich, Ihre Bestellung bis zur Versendung abzuändern.

www.thoma.at

falls
Briefmarke
zur Hand

Thoma ...immer schon Geborgenheit

Ing. Erwin Thoma Holz GmbH
Hasling 35
5622 Goldegg
Österreich

hier bitte abtrennen!

**Ja,** ich möchte den in **„... dich sah ich wachsen“** aufgezeigten Weg mitgehen und mehr Informationen zum naturgerechten Umgang mit Holz erhalten.

Bitte senden Sie mir Unterlagen zu folgenden Themen:

- ☐ Holz100-Häuser
- ☐ Traditionelle Blockhäuser
- ☐ Adressen von Holz100-Hotels und Pensionen
- ☐ Unverleimte Vollholzböden
- ☐ Dielenböden in außergewöhnlichen Breiten
- ☐ Terrassenböden aus Holz
- ☐ Holzschalungen, innen und außen
- ☐ Adressen von guten Massivholztischlern

Für Ihren Verwaltungsaufwand lege ich Ihnen, wenn vorhanden, € 2,– bei.

- ☐ Ich bin einverstanden, daß Sie meine Adresse an andere Unternehmen weitergeben, die im Sinne des Buches **„... dich sah ich wachsen“** arbeiten.
- ☐ Bitte geben Sie meine Adresse nicht weiter.

SOFORT erhalten Sie Informationen auf unserer homepage unter: www.thoma.at

hier bitte abtrennen!

Stecken Sie diese Antwortkarte bitte in ein Kuvert und schicken Sie sie an folgende Adresse:
**Ing. Erwin Thoma Holz GmbH, Hasling 35**
**5622 Goldegg, Österreich**

Mein Absender:

______________________________
Name

______________________________
PLZ, Wohnort

______________________________
Straße, Nr.

______________________________
Telefon

______________________________
E-mail

______________________________
Datum Unterschrift

Thoma ...immer schon Geborgenheit

Ing. Erwin Thoma Holz GmbH
Hasling 35
5622 Goldegg
Österreich

hier bitte abtrennen!

Erwin Thoma

# ... dich sah ich wachsen

8. Auflage 2007

Alle Informationen unter:

www.thoma.at